Sitzungsberichte
der Akademie der Wissenschaften
der DDR
Mathematik – Naturwissenschaften – Technik

12 N

1982

Egon Uhlig / Hans Müller

Metallcluster

AKADEMIE-VERLAG · BERLIN

Sitzungsberichte
der Akademie der Wissenschaften
der DDR
Mathematik – Naturwissenschaften – Technik

Jahrgang 1982 · Nr. 12/N

Egon Uhlig / Hans Müller

Metallcluster

AKADEMIE-VERLAG · BERLIN
1982

Vorträge vor der Klasse Chemie
vom 14. Mai 1981

Herausgegeben im Auftrage
des Präsidenten der Akademie
der Wissenschaften der DDR
von Vizepräsident Prof. Dr. Heinrich Scheel

ISSN 0138-3956
Erschienen im Akademie-Verlag, DDR-1086 Berlin, Leipziger Str. 3-4

Lizenznummer: 202 · 100/75/82
Gesamtherstellung: VEB Druckhaus Köthen
Bestellnummer: 763119 2 (2010/82/12/N) · LSV 1215
Printed in GDR
DDR 5,— M

Inhalt

Egon Uhlig

Metallcluster – Theorie und Experimente

„Cluster“ heißt in deutscher Übersetzung „Schwarm“. Der Begriff hat in die Chemie Eingang gefunden, als BERNAL und FOWLER [1] die ersten fundierten Gedanken über die Struktur des flüssigen Wassers äußerten: Die fluktuierenden Aggregate von Wassermolekülen, die durch Wasserstoffbrücken zusammengehalten werden und die in ihrer inneren Struktur dem Tridymit oder dem Quarz vergleichbar sind, erhielten den Namen „Cluster“. Wenn wir heute in der anorganischen Chemie von Clustern sprechen, dann bleibt zwar die ursprüngliche Vorstellung einer kompakten Anordnung von Teilchen molekularer Größe gewahrt, aber das Bild des Zufälligen und Dynamischen, wie es den fluktuierenden Molekülverbindungen im flüssigen Wasser anhaftet, wird verlassen. In diesem Sinn sind Cluster Moleküle, deren Kern aus gleichartigen oder chemisch verwandten Atomen in kompakter Anordnung besteht (s.Anm. 1)

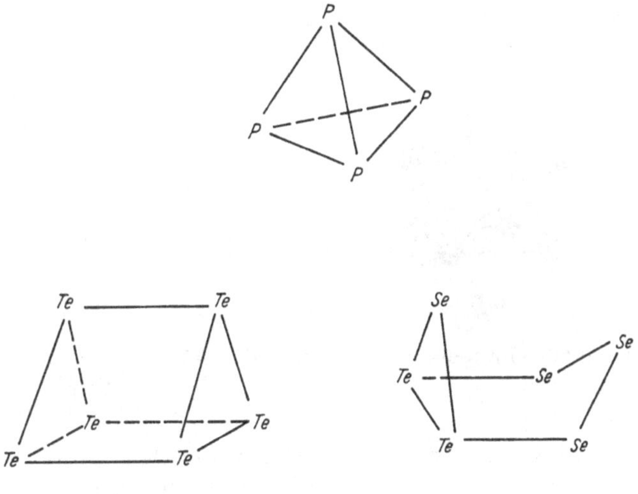

Te_6^{4+} in $Te_6[AsF_6]_4 \cdot 2AsF_5$ $Te_2Se_4^{2+}$ in $Te_2Se_4[SbF_6]_2$

Abb. 1 Cluster- und Käfigverbindungen

Gillespie [2] verlangt außerdem, daß jedes Atom dieses Kernes drei gleiche oder chemisch nahe verwandte Nachbarn haben muß. Er grenzt auf diese Weise die Cluster- von den Käfigverbindungen ab. Nach dieser Definition ist das P_4-Molekül der einfachste Cluster; auch das Kation Te_6^{4+} gehört dazu. Dagegen ist das Kation $Te_4Se_4^{2+}$ ein Käfig, weil die Abstände zwischen einzelnen Bausteinen so groß sind, daß von einer bindenden Wechselwirkung nicht mehr gesprochen werden kann. Im folgenden sollen die von Gillespie für Cluster gesetzten Grenzen beachtet, in einzelnen Fällen aber trinukleare Species in die Betrachtungen einbezogen werden.

Wenn wir in den Hauptgruppen nach den Elementen suchen, die zur Clusterbildung neigen, dann steht das Bor an erster Stelle. Die nido- und arachno-Borane sowie die closo-Boranationen und die Carborane sind durchweg Cluster [3]. Das Bor ist jedoch nicht das einzige Hauptgruppenelement, das zur Clusterbildung geneigt ist. Phosphor und Tellur wurden bereits erwähnt (Abb. 1). Dazu kommen noch Arsen, Antimon, Wismut, Zinn und Blei, deren merkwürdige polyanionischen Verbindungen von Zintl und Mitarbeitern schon Anfang der dreißiger Jahre dargestellt und chemisch charakterisiert worden sind [4]. Diese Verbindungen entzogen sich lange der exakten strukturellen Aufklärung, weil keine guten Kristalle zu erhalten waren. Erst als man sehr voluminöse komplexe Alkalikationen, z.B. mit dem 2.2.2.-Cryptanden als Liganden, als Gegenionen anbot, konnte diese Schwierigkeit überwunden und der schlüssige Beweis für die Struktur von Sb_7^{3-}- bzw. Sn_9^{4-}-Anionen angetreten werden. Sb_7^{3-} entspricht einem basis-bedecktem trigonalem Prisma [5], Sn_9^{4-} einem basis-bedecktem quadratischem Antiprisma [6].

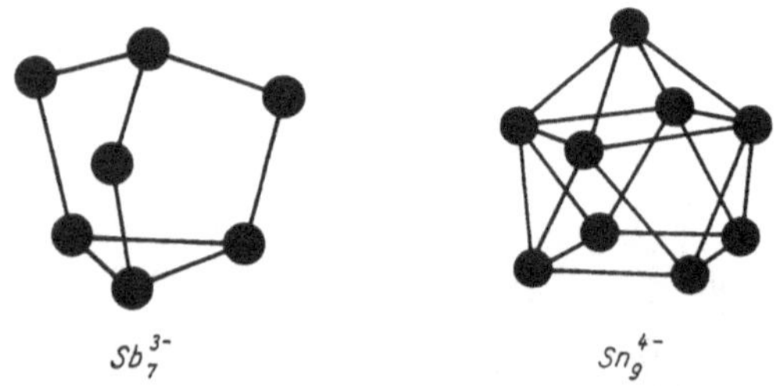

Abb. 2 Struktur des Heptaantimonid(3-)- und des Nonastannid (4-)-Anions

Gehäuft treten jedoch Cluster bei den Verbindungen der Nebengruppenelemente auf. Man findet sie unter den binären Halogeniden, aber auch unter den Carbonylen und verwandten elektronenreichen Komplexen (Tab. 1). Sie sollen im folgenden ausschließlich und vor allem unter den nachstehenden Aspekten betrachtet werden.

Tabelle 1

MCl_2 (M = Mo, W) ≡ $[M_6Cl_8]Cl_2Cl_{4/2}$	
$M'Cl_{2,33}$ (M' = Nb, Ta) ≡ $[M'_6Cl_{12}]Cl_{4/2}$	
$Co_4(CO)_{12}$ $Fe_5(CO)_{15}C$ $Rh_6(CO)_{16}$	
$[Rh_{17}S_2(CO)_{32}]^{2-}$ $Ni_4(CNBu^t)_7$	

1. Welche Voraussetzungen müssen bei der Bildung von Übergangsmetallclustern erfüllt sein?
2. Gibt es einen einfachen Zusammenhang zwischen Stöchiometrie und Struktur?

Die Frage nach allgemeinen Syntheseprinzipien für Cluster soll hier nicht gestellt werden. Es gibt ermutigende Ansätze zur Beantwortung dieser Frage [7]. Bei realistischer Einschätzung der heutigen Position muß jedoch gesagt werden, daß neue Metallcluster, meist als Gemische, im Zuge chemischer Reaktionen entstehen, die mehr oder weniger gezielt angelegt sind. Im Mittelpunkt des Interesses steht die strukturelle Charakterisierung und die Aufklärung des dynamischen Verhaltens neuer Verbindungen. Dabei sind Röntgen- und Neutronenbeugungsmethoden sowie die NMR-Spektroskopie schwerer Kerne unentbehrlich.

Die Frage nach den Vorraussetzungen für die Bildung von Übergangsmetallclustern soll am Beispiel der binären Halogenide des Chroms und Molybdäns als Elementen der sechsten Nebengruppe aufgegriffen werden. Die Dichloride gewinnt man durch Einwirkung schwacher chlorhaltiger Oxydationsmittel auf das jeweilige Metall (*a*, *b*). Ihre Strukturen sind jedoch grundverschieden. Wir haben beim Chrom(II)-chlorid eine verzerrt oktaedrische Koordination

$$Cr + 2HCl \xrightarrow{700°C} CrCl_2 + H_2 \qquad a$$

$$Mo + OCCl_2 \xrightarrow{750°C} MoCl_2 + CO \qquad b$$

jedes Zentralatoms mit Chloridionen, jedes dieser Chloridionen verbrückt seinerseits drei Zentralatome (Abb 3). Chloroliganden der Koordinationszahl 3 findet man auch beim Molybdän(II)-chlorid, aber das charakteristische Strukturmotiv ist ein Oktaeder aus sechs Molybdänatomen, die nicht nur durch Chlorobrücken, sondern auch durch direkte Wechselwirkungen aneinander gebunden sind (Abb. 4).

Im Falle des Chroms wird also bei der milden Chlorierung das Metallgitter vollständig abgebaut, beim Molybdän (und Wolfram) bleiben dagegen Rudimente in Form der Mo_6-Oktaeder erhalten. Eine für die Stabilität von Metallgittern und damit auch für die Stärke der Metall-Metall-Bindung charakteristische Größe ist die molare Sublimationsenthalpie (Tab. 2). Diese ist beim Molybdän fast doppelt so groß als beim Chrom. Einfach gesprochen reicht also die Energie, die bei der Reaktion mit einem milden Chlorierungsmittel zu

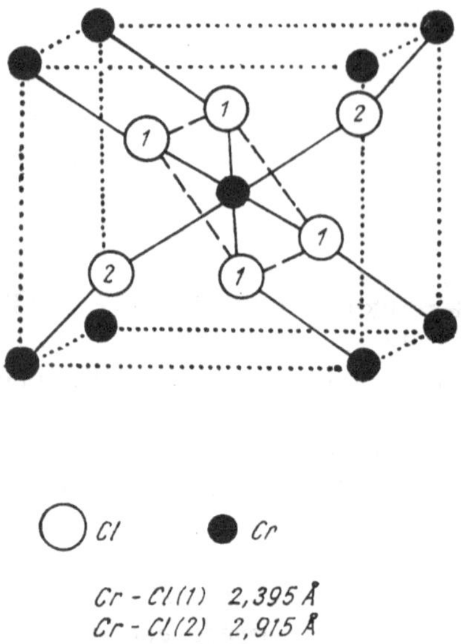

Abb. 3 Struktur des Chrom(II)-chlorids [8]

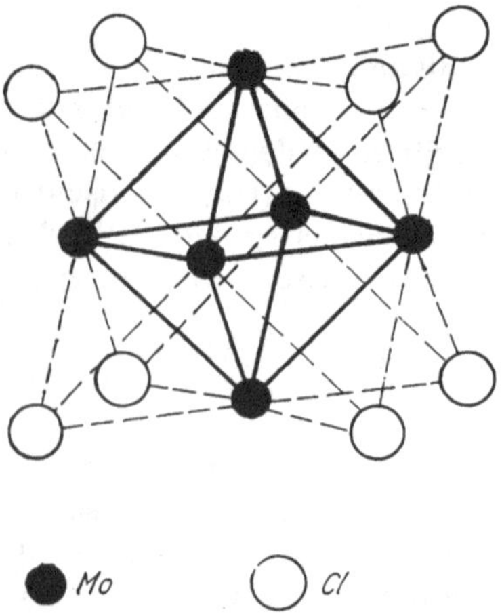

Abb. 4 $Mo_6Cl_8^{4+}$ – das Strukturmotiv des Molybdän(II)-chlorids

gewinnen ist, aus, um das Chromgitter vollständig abzubauen. Beim stabileren Molybdängitter gelingt das dagegen nur partiell, es sei denn, es wird ein stärkeres Chlorierungsmittel wie elementares Chlor angeboten (*c*). Dann steigt aber auch die Zahl der geknüpften Molybdän-Chlor-Bindungen an, und man kommt zum Mo_2Cl_{10}.

$$2Mo + 5Cl_2 \xrightarrow{500°C} Mo_2Cl_{10} \qquad c$$

Tabelle 2 **Molare Sublimationsenthalpien (kJ)**

Cr	Mo	W	Co
364	622	834	298
$CrCl_{6/3}$	$[Mo_6Cl_8]Cl_2Cl_{4/2}$	$[W_6Cl_8]Cl_2Cl_{4/2}$	$CoCl_{6/3}$
			$Co_4(CO)_{12}$
			$Co_6(CO)_{16}$

Nun gibt es Cluster auch bei den 3d-Elementen, z. B. beim Cobalt. Allerdings geht es dann nicht mehr um die Halogenide sondern im Carbonyle. Hier kann die molare Sublimationsenthalpie nicht der entscheidende Parameter sein (Tab. 2). Es sei an eine Feststellung Ugos [9] erinnert: Ein „Chemisorptionszentrum", d.h. ein Ensemble von Atomen an der Oberfläche eines Metalls, kann am ehesten durch einen *ungesättigten* Komplex dieses Metalls mit weichen Liganden (Phosphine, Kohlenmonoxid u. a) modelliert werden. Man kann diese Feststellung interpretieren und sagen: Die elektronischen Verhältnisse als Voraussetzung für die Anlagerung kleiner Moleküle (C_2H_4, H_2S, CO, O_2 u. a.) werden beim Übergang von einer Metalloberfläche zu einem Cluster und schließlich zum einzelnen Metallatom selbst am wenigsten geändert, wenn mit dem Abbau der Oberfläche der Aufbau einer Hülle aus weichen Liganden einhergeht. Das heißt aber auch, die Metall-Metall-Wechselwirkung im Metall, die sich in der Struktur der Oberfläche widerspiegelt, kann in einem Cluster durch weiche Liganden „konserviert" werden.

Zur Beantwortung der Frage nach einem Zusammenhang zwischen Struktur und Stöchiometrie von Übergangsmetallclustern sind in den letzten Jahren eine Reihe von Ansätzen gemacht worden [2,3]. Ein Ansatz von Lauher [10] soll hier vorgestellt werden (s. Anm. 2).

Lauher stellt zunächst die Frage: Wie groß ist die totale Bindungskapazität, d. h. die Zahl der koordinierbaren Liganden, aller denkbaren Ensembles (aller „nackten" Cluster) aus weniger als 15 Übergangsmetallatomen? Dazu geht er von den neun Valenzorbitalen der Übergangsmetallatome-$(n-1)d^5ns\,np^3$- aus, muß also z. B. für einen Vierercluster 36 AOs berücksichtigen und zu 36MOs kombinieren. Er führt Extended Hückel-Rechnungen, speziell für Rhodiumcluster, durch und erhält so Korrelationsdiagramme dieser MOs. Die Ergebnisse sind hinsichtlich der Parameter wenig empfindlich und bleiben damit für andere Zentralatome qualitativ richtig.

Nunmehr muß entschieden werden, wieviel von diesen MOs *C*luster-*V*alenz-*M*olekül-*O*rbitale (CVMO) sind, d. h. als Akzeptororbitale für Liganden und zur Aufnahme von – in bezug auf die Liganden – nichtbindenden Elektronen in Frage kommen. Als Bezugspunkt wird die Energie der p-Orbitale im freien Metallatom gewählt. MOs, die in ihrer Energie unter den p-Orbitalen liegen, sind CVMO, alle anderen HLAO (*H*och*l*iegende *a*ntibindende *O*rbitale). Die CVMO müssen mit Elektronen gefüllt sein, wenn ein stabiler Cluster resultieren soll. Ausnahmen gibt es vor allem beim Platin, die aber erklärbar sind.

Bei Viererclustern ergibt sich folgendes Bild (Abb. 5): Bei tetraedrischer Anordnung beträgt die Zahl der CVMO 30 und damit die Zahl der *C*luster-*V*alenzelektronen (CVE) 60. Bei einem „Viererschmetterling" steigt die Zahl

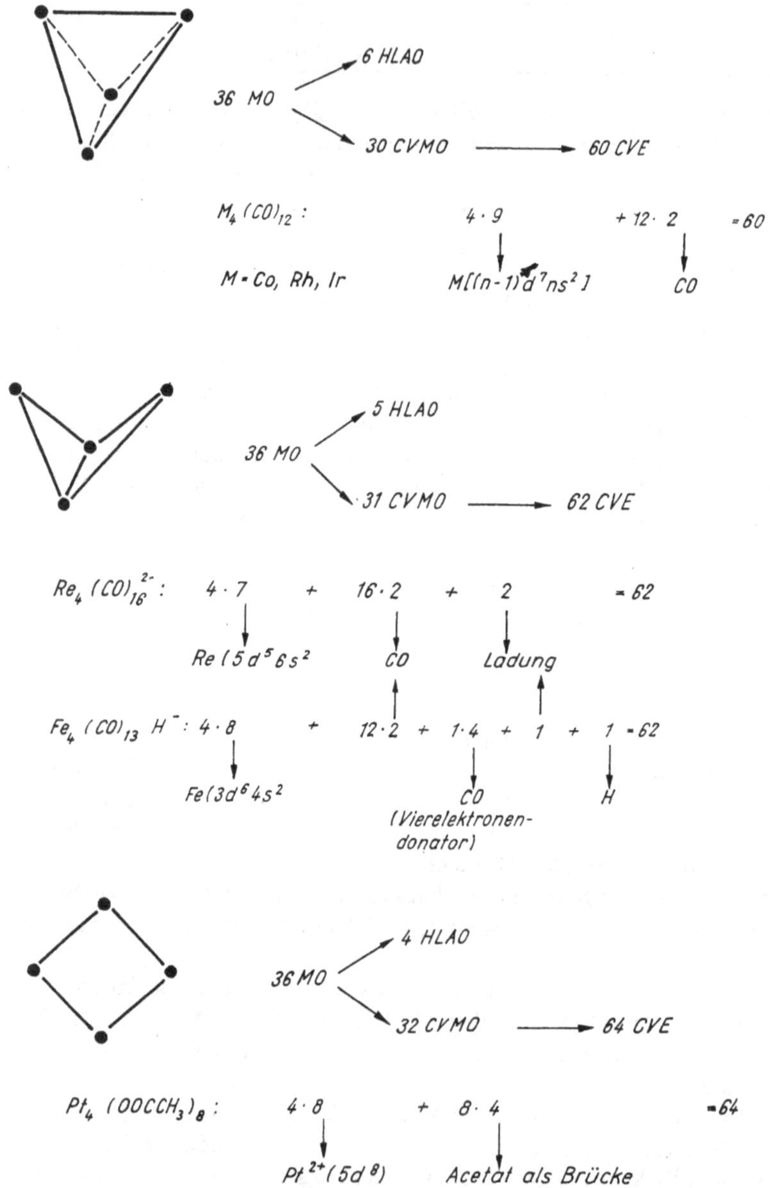

Abb. 5 Elektronenbilanzen von Viererclustern

der CVMO auf 31, beim Quadrat schließlich auf 32. In den letzten beiden Fällen ist die Anordnung der Metallatome weniger kompakt (die Zahl der direkten Metall-Metall-Beziehungen sinkt), und eine solche „Auflockerung" erhöht generell die Zahl der CVMO.

An den Viererclustern aus der Cobalttriade wird deutlich, was das LAUHER-Modell nicht kann, aber auch nicht beansprucht. Das ist eine Aussage über die Art der CO-Bindung. Ob CO als terminaler Ligand oder als Brückenligand fungiert – es steuert in beiden Fällen zwei Elektronen zum Bindungssystem bei. $Ir_4(CO)_{12}$ mit ausschließlich terminalen CO-Liganden und $Co_4(CO)_{12}$ bzw. $Rh_4(CO)_{12}$ mit nur neun terminalen, aber drei Brückenliganden sind daher äquivalent. Das Bild ändert sich, wenn ein CO-Ligand als Vierelektronendonator wirkt. Das ist für das Modell signifikant, und es läßt daher auch eine adäquate Erklärung für die Schmetterlingsgeometrie des Anions $Fe_4(CO)_3H^-$ zu (Abb. 5 u. 6).

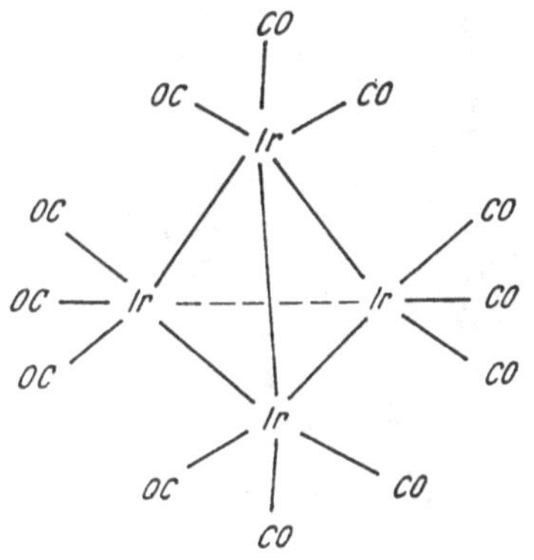

$Ir_4(CO)_{12}$

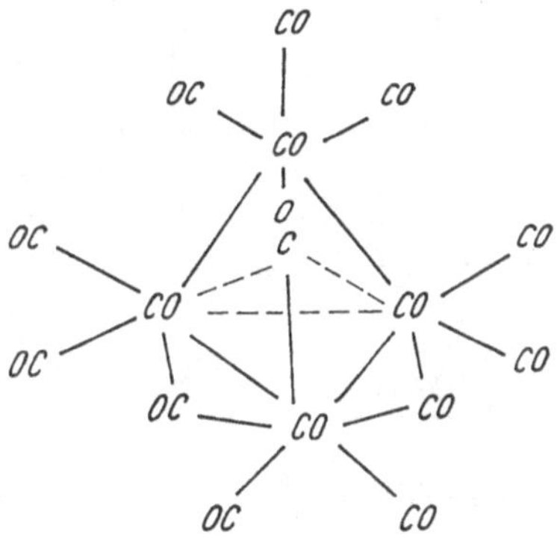

$CO_4(CO)_{12}$

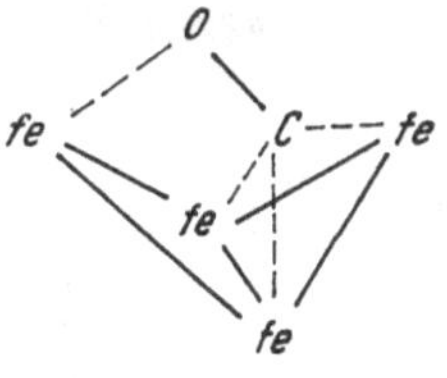

fe = Fe(CO)$_3$

$HFe_4(CO)_{13}$

Abb. 6 Struktur von Viererclustern (Lies rechte Seite Co bzw. $Co_4(Co)_{12}$ statt CO)

Abb. 7 zeigt die MO- und Elektronenbilanz für das Oktaeder als dem häufigsten Sechsercluster. Unter den Beispielen fallen die bimetallischen Species und die Carbonylcarbide auf. In letzterem Fall besetzt der Kohlenstoff das Zentrum des Oktaeders [11]. Das erinnert an den Kohlenstoff auf Zwischengitterplätzen in metallischen Carbiden.

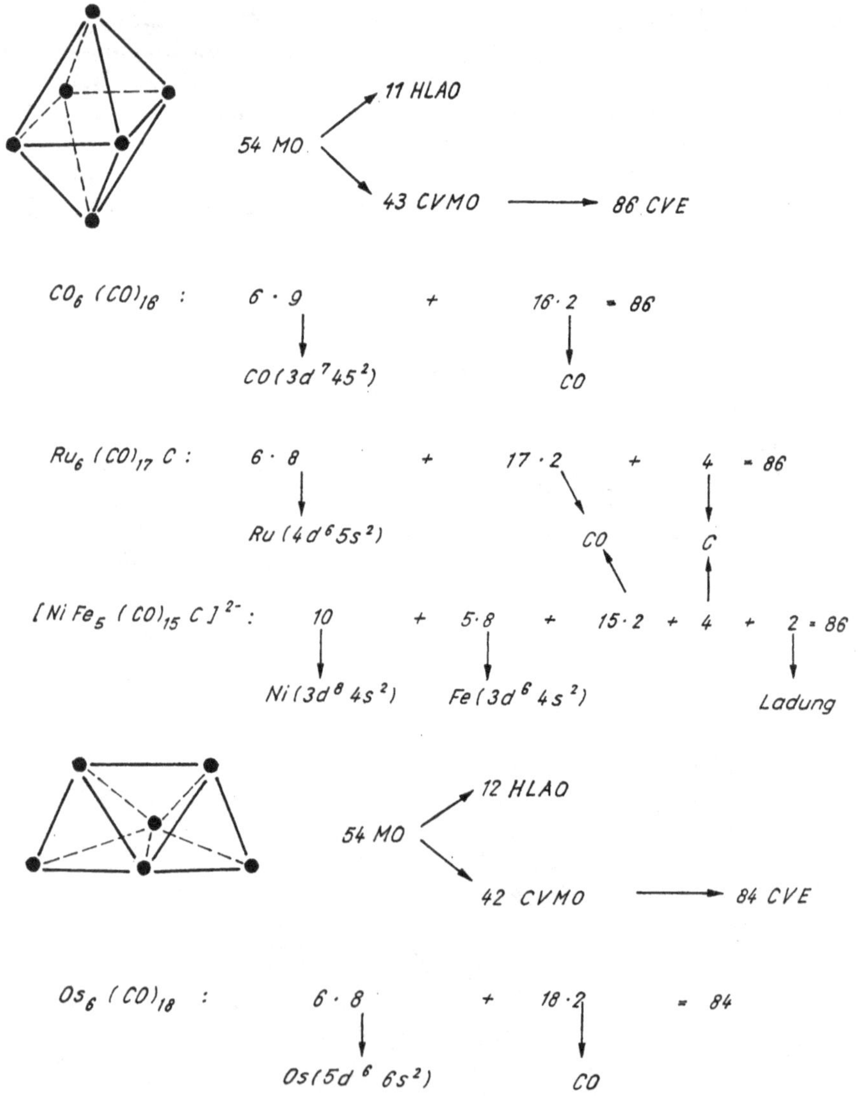

Abb. 7 Elektronenbilanzen von Sechserclustern (Lies Co_6 $(CO)_{16}$ statt CO_6 $(CO)_{16}$ und lies Co($3d^7$) $4s^2$ statt CO ($3d^7$ 45^2))

Unter den insgesamt sechs möglichen Atomanordnungen in Sechserclustern [10] verdient das zweifach bedeckte Tetraeder besondere Erwähnung. Hier haben zwei Atome vier nächste Nachbarn; man kann also von einer Struktur sprechen, die an Kompaktheit das Oktaeder übertrifft. Damit sinkt auch die Zahl der CVE auf 84 ab. Das Beispiel des $Os_6(CO)_{18}$ [12] zeigt, daß in Clustern Baugruppen stabilisiert werden können, die von einfacheren Koordinationsverbindungen, aber auch von den Festkörpern mit vorzugsweise metallischer Bindung her unbekannt sind.

Man kann die Zahl der Clusteratome weiter erhöhen, schließlich zu Metalloberflächen übergehen und die totale Bindungskapazität von Metallatomen, die in Kristallflächen mit unterschiedlichen MILLERschen Indizes, aber auch an Stufen, Ecken und Spitzen gelegen sind, beurteilen [10]. Daraus erwächst die Frage nach der Modellierbarkeit von Metalloberflächen und ihrer Reaktionen durch Metallcluster. Der strukturelle Aspekt wird von H. MÜLLER [13] diskutiert, hier soll der dynamische Aspekt betrachtet werden. Moleküle bzw. ihre Bruchstücke (CO, H, Alkylreste) sind an Metalloberflächen leicht beweglich [14]; gibt es etwas Vergleichbares bei Clustern?

In der Molekülchemie ist der schnelle geometrische Platzwechsel von Atomen oder Atomgruppen ein Phänomen, das seit den fünfziger Jahren intensiv untersucht wird. Lange bekannt ist der schnelle intramolekulare Austausch äquatorialer und axialer Substitutenten in fünffach-kovalenten Phosphorverbindungen. Man spricht in einem solchen Fall von stereochemisch „nichtstarren" (non-rigid) Molekülen und bezeichnet das Phänomen als Fluxionalität. Wichtigste Untersuchungsmethode ist die NMR-Spektroskopie. Sie gestattet die Verfolgung von dynamischen Prozessen mit Geschwindigkeiten im Bereich von 10^6 bis 10^{-1} s^{-1}, vor allem aber von 10^3 bis 10^1 s^{-1}.

Fluxionalität wird bei vielen Metallclustern beobachtet, und man kann die Fluxionalität der Ligandenhülle von einer solchen des Metallgerüstes unterscheiden. Die Kenntnisse über die Fluxionalität von Metallgerüsten sind noch bescheiden [15], vor allem wegen der Schwierigkeiten des experimentellen Nachweises. Man muß NMR-Spektroskopie schwerer Kerne betreiben, möglichst mit dem Kernspin $^1/_2$, und so bietet sich das Reinelement Rhodium an. Aber wenn man die NMR-Empfindlichkeit des ^{103}Rh mit der des Protons vergleicht, dann liegt das Verhältnis bei $1:10^5$. Es bedurfte der FF-Technik selbst, um bei mononuklearen Rhodiumkomplexen ein Signal zu finden. 1980 teilten GANSOW et al. [16] die ersten ^{103}Rh-Daten von Clustern mit. Sie wählten als Bezugssystem den trigonal-prismatischen Komplex $[Rh_6C(CO)_{15}]^{2-}$, bei dem nur ein Signal auftritt, und verglichen mit $[Rh_{17}S_2(CO)_{32}]^{2-}$ bzw. $[PRh_9(CO)_{21}]^{2-}$ (I). In beiden Fällen wurden in Übereinstimmung mit der Kristallstruktur (s. Anm. 3) (jeweils drei Rhodiumatome in nichtäquivalenten Positionen) drei Signale gefunden, bei (I) jedoch nur unterhalb $-80\,°C$. Bei Raumtemperatur tritt dagegen nurmehr ein Signal (Dublett wegen der ^{103}Rh-^{31}P-Kopplung) in einer mittleren Lage auf. Das ist ein eindeutiger Nachweis für die Fluxionalität des Metallgerüstes, über den Platzwechselmechanismus sind jedoch noch keine Aussagen möglich.

Eine Fluxionalität der Ligandenhülle wird vor allem bei Clustern mit CO-, RNC- und Hydridliganden beobachtet [15]. Das sind solche Liganden, die in elektronenreichen Komplexen ganz überwiegend als Zweielektronendonatoren fungieren (s. Anm. 4), und zwar sowohl in terminaler (II) als auch in Brückenposition (III, IV). Ein terminaler CO-Ligand kann über eine CO-Brücke an ein zweites Clusteratom wandern und dort zum terminalen Liganden werden (*d*). Ein instruktives Beispiel dieser Art von Fluxionalität ist der sogenannte Karussell (merry-go-round)-Prozeß (Abb. 8), wie er in einfacher Form bei trinuklearen Komplexen (z.B. $Ru_3(CO)_{10}(C_4H_4N_2)$ [18]) und in zusammengesetzter auch bei Clustern beobachtet wird [15]. Mechanistisch nicht völlig aufgeklärt ist der Austausch zwischen axialen und äquatorialen Liganden im $Os_3(CO)_{12}$. Man findet bei 22 °C zwei Piks im ^{13}C-NMR-Spektrum (183,9 ppm und 172,3 ppm), die bei 150 °C zu einem scharfen Signal verschmelzen [19]. Die homologen Carbonyle des Eisens und Rutheniums sind bereits bei −100 °C fluxionell.

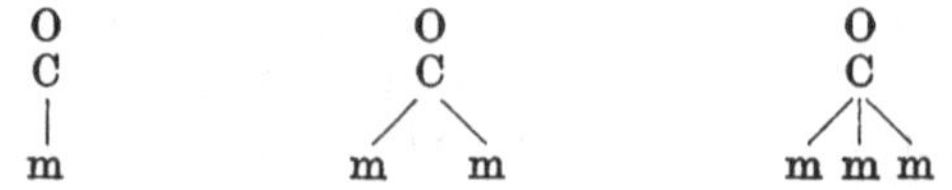

II III IV

$Ir_4(CO)_{12}$ $CO_4(CO)_{12}$ $Rh_6(CO)_{16}$[17]

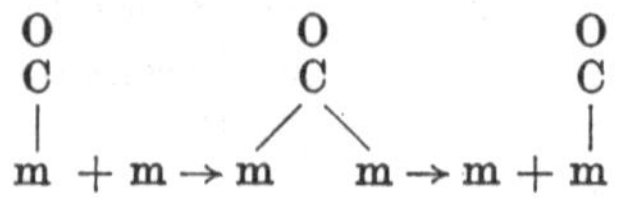

d

Besonders leicht beweglich sind Hydridliganden, die in Clustern sehr unterschiedliche Funktionen haben können (V, VI, VII). Von großem Interesse ist der Befund, daß sie auch Plätze im Innern von Clustern ($[HRu_6(CO)_{18}]^-$ [23], $[Rh_{13}(CO)_{24}H_3]^{2-}$ [24]) besetzen und untereinander vertauschen können.

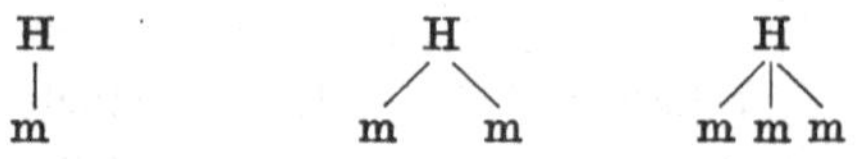

V VI VII

$H_2Os_3(CO)_{10}P(C_6H_5)_3$ [20] $H_3Mn_3(CO)_{12}$ [21] $H_4Re_4(CO)_{12}$ [22]

Für das Problem der Modellierung von Metalloberflächen sind die bisher mitgeteilten Ergebnisse zur Fluxionalität der Ligandenhülle in zweierlei Hinsicht bemerkenswert: Das Beispiel des Karussellmechanismus zeigt, wie sich CO-Liganden um den Kern eines Clusters herum bewegen können. Das wäre

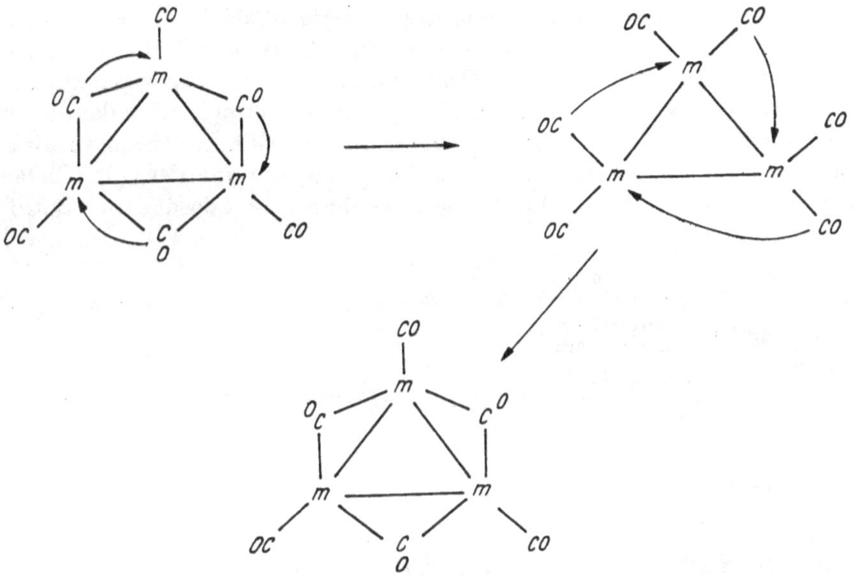

Abb. 8 Karussellmechanismus der Ligandenfluxionalität in M_3-Clustern

mit einer Translation des CO-Moleküls an einer Metalloberfläche vergleichbar. Wasserstoffatome können sich nicht nur an der Oberfläche, sondern auch im Innern von Clustern bewegen. Wenn wir diese Phänomene wieder auf das Metall projizieren, dann leitet sich daraus die Vorstellung ab, daß sich der Wasserstoff auch „unter" einer Metalloberfläche bewegen und gegebenenfalls ein adsorbiertes Substrat aus dem Innern des Metalls heraus attackieren kann. Eine solche Vorstellung erscheint dem Heterogenkatalytiker sicher nicht unangemessen.

Im Rahmen der Analogiebeziehungen zwischen Clustern und Metalloberflächen ist noch ein weiterer Aspekt von Interesse: Alkene, aber auch Alkane und Alkine, ja sogar Kohlenmonoxid können an Metall dissoziativ chemisorbiert werden [14, 25]. Wie reagieren diese kleinen Moleküle mit Clustern?

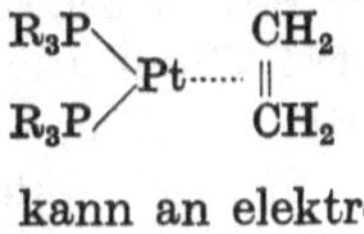

VIII

Ethen kann an elektronenreichen Zentralatomen „side-on" im Sinne einer σ-π-Wechselwirkung koordinieren (VIII). Eine derartige Wechselwirkung ist auch bei Clustern denkbar, aber bisher nicht eindeutig nachgewiesen. Man kennt aber Reaktionen der Alkene mit Clustern, die von einer Veränderung des C-H-Skelettes begleitet sind (*e*). In den Clustern IX und X liegen Metallskelette von ungewöhnlicher Geometrie vor [26]. Das Skelett von IX leitet sich von einer tetragonalen Pyramide ab.

Das sechste Osmiumatom bedeckt eine der Pyramidenflächen, die beiden Ethylidenliganden liegen über der Basis- bzw. einer Pyramidenfläche und treten auf diese Weise mit vier bzw. drei Osmiumatomen in Wechselwirkung. Auch dem Skelett von X liegt die tetragonale Pyramide zugrunde, aber das sechste Osmiumatom verbrückt zwei andere, die in der Basisfläche liegen. In dieser Weise wird eine neue Dreiecksfläche aufgespannt, die von der C_4H_6-Einheit bedeckt wird. Die Art der Bindung weist diese Einheit als koordiniertes Butin-2 aus.

$$Os_6(CO)_{18} \xrightarrow[\text{n-Decan}]{C_2H_4} \begin{cases} \xrightarrow{165\,°C,\ 12\,h} Os_6(CO)_{16}(CMe)_2 \quad 10\,\% & \text{IX} \\ \xrightarrow{175\,°C,\ 60\,h} COs_6(CO)_{16}(MeC{\equiv}CMe) \quad 5\,\% & \text{X} \end{cases} \qquad e$$

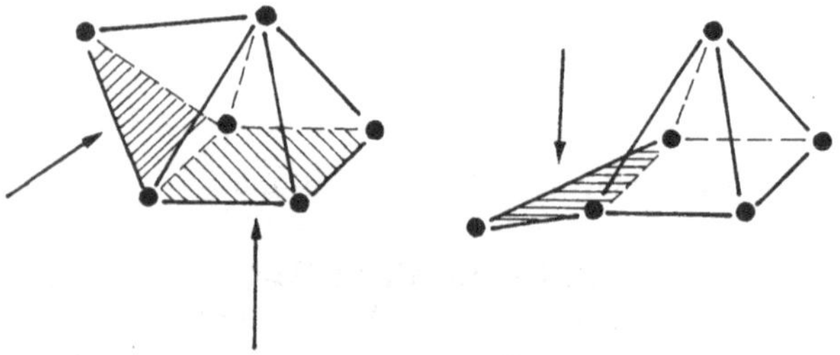

IX X

Abb. 9 Skelette der Cluster $Os_6(CO)_{16}(CMe)_2$ und $COs_6(CO)_{16}(MeC{\equiv}CMe)$. Die Pfeile zeigen die Flächen an, über denen die CMe- bzw. die MeCCMe-Gruppen stehen

Alkine (wegen der C—H-Acidität des Ethins werden für die Modelluntersuchungen höhere Alkine eingesetzt) bilden mit Clustern Multizentrenbindungen aus (vgl. X—XIII). Erwähnt sei die Einbettung des Tolans in einen M_4-Schmetterling, bei der das Alkingerüst erhalten bleibt (XI). Die Reaktionen *f* und *g* zeigen, daß die Bindung des Acetylens auch unter Wasserstoffaufnahme bzw. -abgabe erfolgen kann. Es gibt Hinweise dafür, daß Vinylreste, die niederen Homologen der Butenyl-1-reste (vgl. XII), bei der Chemisorption von Ethin an Platin entstehen [14]. Der benötigte Wasserstoff wird wahrscheinlich als Verunreinigung eingeschleppt.

$$H_2Os_3(CO)_{10} + Et{-}C{\equiv}CH \longrightarrow \underset{\text{XII}}{HOs(CO)_{10}(CH{=}CH{-}Et)} \qquad f$$

$$Ru_3(CO)_{12} \xrightarrow{Me_3CC{\equiv}CH} \underset{\text{XIII}}{HRu_3(CO)_9(C{\equiv}CMe_3)} \qquad g$$

Die Bindung von Alkanen in Metallclustern ist nur durch eine oxydative Addition einer C-H-Bindung möglich. Ein exakter präparativer Nachweis konnte für eine solche Reaktion bisher nicht angetreten werden. Die Reaktionen *e* und *f* zeigen aber mindestens für ungesättigte Kohlenwasserstoffe Möglichkeiten auf. Es ist ein Charakteristikum von Metalloberflächen, daß an ihnen eine C-H-Bindungsspaltung leicht erfolgt und daß die Fragmente (Wasserstoffatome, aber auch Alkyl- und Alkylidenreste) beweglich sind und in lebhaftem Austausch miteinander stehen. Wenigstens für den Wasserstoffaustausch hält die Clusterchemie ein Modell bereit. Bei Raumtemperatur

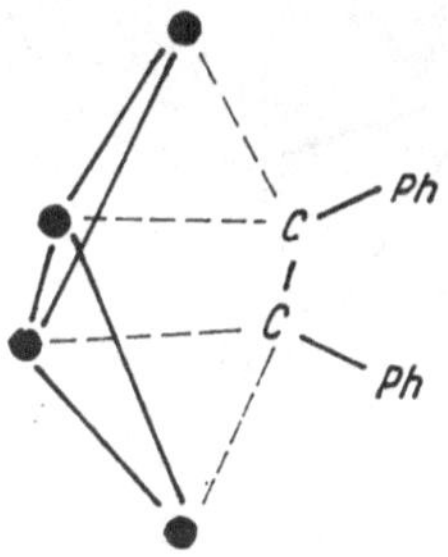

XI

$Ru_4(CO)_{12}(PhCCPh)$

[27]

XII

$HOs_3(CO)_{10}(CH{=}CEt)$

[28]

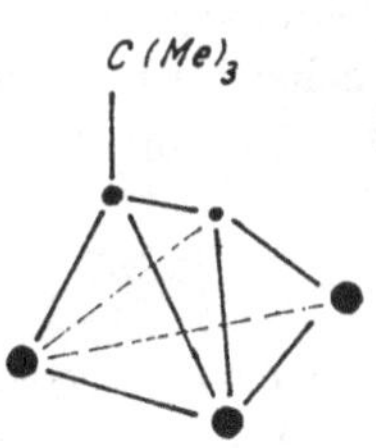

XIII

$HRu_3(CO)_9(CCMe_3)$

[29]

Abb. 10 Skelette einiger Cluster mit Liganden, die sich von Alkinen ableiten und in Lösung stellt sich zwischen den beiden Osmiumkomplexen XIV und XV das Gleichgewicht *i* ein [30]. Danach kann eine Methylgruppe mit einer bemerkenswerterweise unsymmetrischen Brückenfunktion unter C-H-Bindungsspaltung in eine Methylenbrücke übergehen (Abb. 11). Durch Umkehrung und Wiederholung dieser Reaktion, aber nunmehr mit dem zweiten der äquivalenten Osmiumatome, wird eine Wasserstoffwanderung zwischen den beiden Metallatomen möglich, die durch den Alkylrest vermittelt wird. Das Gleichgewicht *i* demonstriert weiterhin den leichten Übergang von Alkyl- in Alkylidenreste an einem Ensemble von Metallatomen.

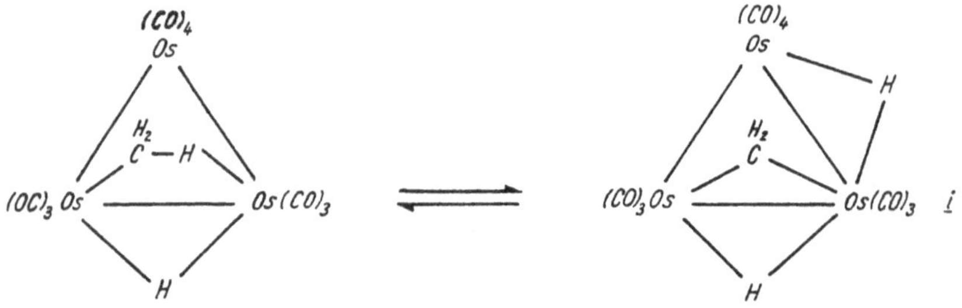

XIV XV

Abb. 11 Isomerengleichgewicht zwischen Methyl- und Methylenkomplexen des Osmiums

In letzter Zeit sind einige Untersuchungen über homogenkatalytische Wirkungen von Metallclustern bekannt geworden. ROUNDHILL [31] beschreibt die Katalyse der Kohlenmonoxidoxydation *k*. Pro mmol Katalysator wurden 12,5 mol Kohlendioxid erhalten. Als Lösungsmittel ist am besten Aceton geeignet; ein kleiner Teil davon wird in einer Nebenreaktion zu Essigsäure oxydiert. $Rh_6(CO)_{16}$ katalysiert weiterhin, wie auch andere Übergangsmetallverbindungen, die Oxydation von Cyclohexanon zu Adipinsäure [32]. In beiden Fällen gilt als gesichert, daß der Sechsercluster nur der Präkatalysator ist; die eigentlich katalytisch aktive Verbindung enthält weniger Metallatome.

$$CO + 1/2O_2 \xrightarrow[Rh_6(CO)_{16}]{100°C,\ 34\ Atm} CO_2 \qquad k$$

In einem Fall ist allerdings die homogen-katalytische Wirkung eines Clusters eindeutig nachgewiesen worden. $Co_4(CO)_{10}$ $(\mu_4\text{–}PPh)_2$ beschleunigt die Hydroformylierung von Penten-1 bzw. -2 [33]. Die Verbindung kann nach der Reaktion fast vollständig aus der Reaktionsmischung zurückgewonnen werden. Auch die Verteilung der Nebenprodukte, z.B. das Ausbleiben der Alkoholbildung bei Phosphinzusatz, kann als Hinweis dafür angesehen werden, daß der ursprünglich eingesetzte Cluster und nicht ein mononukleares Abbauprodukt der eigentliche Katalysator ist. Man muß hier wohl den μ_4-Phenylphosphiniden-

Liganden eine besondere Rolle zuschreiben, die während der Reaktion wie eine Klammer den Cluster zusammenhalten.

Zusammenfassend kann folgendes gesagt werden:

— Die Chemie der Cluster ist ein hochaktuelles Gebiet anorganisch-chemischer Forschung an niedermolekularen Verbindungen der Haupt- und Nebengruppenelemente. Es werden ständig neue Strukturmuster entdeckt, die vorher kaum für möglich gehalten wurden und die eine Herausforderung auch an den Theoretiker darstellen.
— Cluster, die in vielen Fällen fluxionelles Verhalten zeigen, sind nützlich für Modellbetrachtungen zu heterogenen metallischen Katalysatoren. Dabei geht es zunächst um die Interpretation, perspektivisch aber auch um praktische Entwicklungen. Es bietet sich eine Kooperation von Heterogenkatalytiker und Koordinationschemiker an.
— Der direkte Einsatz von Clustern als Katalysatoren muß nüchtern beurteilt werden. Die stabilsten Cluster, d. h. solche, die auch in Lösung einigermaßen stabil sind, leiten sich von 4d- und 5d-Elementen ab. Diese stehen nur in begrenztem Umfang zur Verfügung. Wahrscheinlich sind gemischten Clustern aus Alkali- und 3d-Metallen größere Chancen einzuräumen: Gerade auf diesem Gebiet ist jedoch noch viel zu tun.

Anmerkungen

1 Synomyn mit „Metallcluster" wird der Ausdruck „konzentrierte Metallverbindungen" gebraucht.

2 LAUHER betrachtet nur die „elektronenreichen" Cluster von Metallen der rechten Seite des d-Blocks (Metallcarbonyle, Phosphinkomplexe usw.) und klammert die „elektronenarmen" Cluster der Metalle der linken Seite des d-Blocks in mittleren Oxydationsstufen (Halogenide, Sulfide [A. MÜLLER, R. JOSTES u. F. A. COTTON, Angew. Chem. **92**, 921 (1980)]) aus.

3 Die Rhodiumatome von $[PRh_9(CO)_{21}]^{2-}$ besetzen die Eckpunkte eines bedeckten quadratischen Antiprismas, das Phosphoratom dessen Zentrum.

4 Die π-Backdonation bleibt hier unberücksichtigt.

Literatur

[1] J. P. BERNAL u. R. H. FOWLER: J. Chem. Phys. **1**, 515 (1933).
[2] R. J. GILLESPIE: Chem. Soc. Rev. **8**, 315 (1979).
[3] K. WADE: Adv. Inorg. Chem. Radiochem. **18**, 1 (1976).
[4] E. ZINTL et al.: Z phys. Chem. A, **154**, 1 u. 47 (1931), Z. phys. Chem. B, **16**, 183 (1932).
[5] J. D. CORBETT, D. A. ADOLPHSON, D. J. MERRYMAN, P. A. EDWARDS u. F. J. ARMATIS: J. Amer. Chem. Soc. **97**, 6268 (1975).
[6] J. D. CORBETT u. P. A. EDWARDS: J. Amer. Chem. Soc. **99**, 3313 (1977).

[7] H. Vahrenkamp: Angew. Chem. **90**, 403 (1978).
[8] J. W. Tracy, N. W. Gregory u. E. C. Lingafelter: Acta Crystallogr. **14**, 927 (1961).
[9] R. Ugo: Coord. Chem. Rev. **3**, 319 (1968).
[10] J. W. Lauher: J. Amer. Chem. Soc. **100**, 5309 (1978) u. **101**, 2604 (1979).
[11] A. Sirigu, M. Bianchi u. E. Benedetti: J. Chem. Soc. Chem. Comm. 1969, 546.
[12] R. Mason, D. M. P. Mingos u. K. M. Thomas: J. Amer. Chem. Soc. **95**, 3802 (1973).
[13] H. Müller: Sitzungsber. Akad. Wiss. DDR 1981 im Anschluß.
[14] E. L. Muttertles, T. N. Rhodin, E. Band, C. F. Brucker u. W. R. Pretzer: Chem. Rev. **79**, 91 (1979).
[15] E. Band u. E. L. Muttertles: Chem. Rev. **78**, 639 (1978).
[16] O. A. Gansow, D. S. Gill, F. J. Bennis, J. R. Hutchison, J. L. Vidal u. R. C. Schoening: J. Amer. Chem. Soc. **102**, 2449 (1980).
[17] E. R. Corey, L. F. Dahl u. W. Beck: J. Amer. Chem. Soc. **85**, 1202 (1963).
[18] F. A. Cotton, B. E. Hanson u. J. D. Jamerson: J. Amer. Chem. Soc. **99**, 6588 (1977).
[19] S. Aime, O. Gambino, L. Milone, E. Sappa u. E. Rosenberg: Inorg. Chim. Acta **15**, 53 (1975).
[20] M. R. Churchill u. B. G. De Boer: Inorg. Chem. **16**, 2397 (1977).
[21] S. W. Kirthy, J. P. Olsen u. R. Bou: J. Amer. Chem. Soc. **95**, 4532 (1973).
[22] R. D. Wilson u. R. Bau: J. Amer. Chem. Soc. **98**, 4687 (1976).
[23] C. D. Eady, P. Jackson, B. F. G. Johnson, J. Lewis, M. C. Malatesta, M. McPartlin u. W. J. H. Nelson: J. Chem. Soc. Dalton Trans. 1980, 383.
[24] S. Martinengo, B. T. Heaton, R. J. Goodfellow u. P. Chini: J. Chem. Soc. Chem. Comm. 1977, 39.
[25] E. L. Muttertles u. J. Stein: Chem. Rev. **79**, 479 (1979).
[26] C. R. Eady, J. M. Fernandez, B. F. G. Johnson, J. Lewis, P. R. Raithby u. G. M. Sheldrick: J. Chem. Soc. Chem. Somm. 1978, 421.
[27] B. F. G. Johnson, J. Lewis, B. E. Reichert, K. T. Schropp u. G. Sheldrick; J. Chem. Soc. Dalton Trans. 1977, 1417.
[28] J. J. Guy, B. E. Reichert u. G. M. Sheldrick: Acta Crystallogr. Sect. B **32**, 3319 (1976).
[29] M. Catti, G. Gervasio u. S. A. Mason: J. Chem. Soc. Dalton Trans. 1977, 2260.
[30] A. J. Schultz, J. M. Williams, R. B. Calvert, J. R. Shapley u. G. D. Stucky: Inorg. Chem. **18**, 319 (1979); R. B. Calvert u. J. R. Shapley: J. Amer. Chem. Soc. **100**, 7726 (1978).
[31] G. D. Mercer, J. S. Shu, T. B. Rauchfuss u. D. M. Roundhill: J. Amer. Chem. Soc. **97**, 1967 (1975).
[32] D. M. Roundhill, M. K. Dickson, N. S. Dixit u. B. P. Sudha-Dixit: J. Amer. Chem. Soc. **102**, 5538 (1980).
[33] C. U. Pittman, G. M. Wilemon, W. D. Wilson u. R. C. Ryan: Angew. Chem. **92**, 494 (1980).

Hans Müller

Zur Quantenchemie der Metallatom-Clusterverbindungen

0. Einleitung

Aus der Sicht der atomistischen Theorie der Chemie ist es zur Zeit noch nicht möglich, einen systematischen Überblick über die Klasse der Metallatom-Clusterverbindungen zu geben. Das hat verschiedene objektive Gründe; zu den wichtigsten gehören

- die Größe und komplexe Struktur dieser Verbindungen
- das Vorhandensein von mehreren schweren Metallatomen
- und nicht zuletzt die hohe „Synthesegeschwindigkeit", mit der immer noch größer und komplizierter strukturierte Spezies zutage gefördert werden.

Diese Situation führt zur Zeit noch zu ernsten Schwierigkeiten bei der genäherten Lösung der SCHRÖDINGER-Gleichung für diese Systeme; das gilt auch für den Fall des Einsatzes großer Computer.

Deswegen muß in der vorliegenden Arbeit statt der systematischen Besprechung ein anderer Weg eingeschlagen werden.

Ich greife einzelne interessante Fragestellungen heraus, die bisher mit Erfolg einer theoretischen Behandlung zugängig waren, und werde zeigen, daß solche Untersuchungen, an bestimmten Prototypen ausgeführt, durchaus verallgemeinerungsfähige Resultate liefern können. Dabei wird nicht übersehen, daß es noch eine Vielzahl interessierender Fragestellungen gibt, die auf eine theoretische Bearbeitung warten. Ich halte diese Situation für ein so junges und sich explosionsartig entwickelndes Gebiet für völlig natürlich.

In den beiden einleitenden Kapiteln wird ein knapper Überblick über die quantenchemischen Näherungsverfahren gegeben (Kap. 1) bzw. einige Bemerkungen zum Verhältnis von Clusterverbindung und Clustermodell angefügt (Kap. 2). Der Hauptteil der Arbeit (Kap. 3) beschäftigt sich mit der Entwicklung der Berechnung der Elektronenstruktur von Clusterverbindungen seit Mitte der 60er Jahre. Dabei werden als Prototypen Zweikernkomplexe (Kap. 3.1.) und sechskernige Clusterverbindungen (Kap. 3.2.) herausgegriffen und diskutiert. In den beiden abschließenden Kapiteln wird die Cluster-Festkörper-Analogie herausgearbeitet und an Beispielen der Cluster-Oberflächen-Analogie (Kap. 4) bzw. der Cluster-bulk-Analogie (Kap. 5) erläutert.

1. Quantenchemische Näherungsverfahren

Aus der reichhaltigen Palette von quantenchemischen Näherungsverfahren wurden in der Abb. 1 die für die hier interessierende Verbindungsklasse wichtigsten Verfahren herausgegriffen und nach aufsteigender Güte in ihrer Aussagekraft geordnet. Aus Platzgründen können nur wenige prinzipielle Bemerkungen zu diesen Verfahren angeschlossen werden.

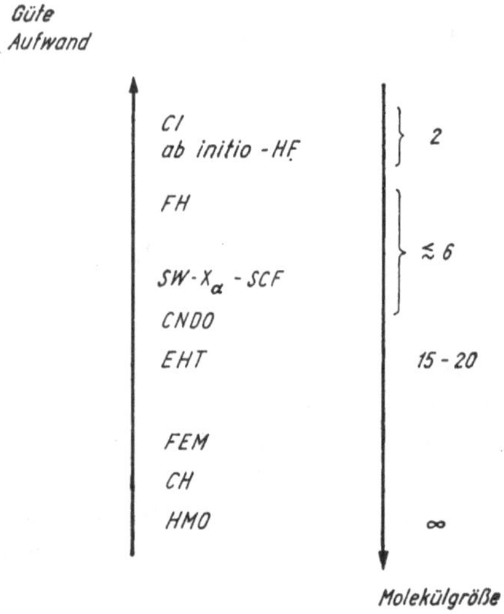

Abb. 1 Zusammenstellung der wichtigsten quantenchemischen Näherungsverfahren zur Berechnung von Metallatom-Clusterverbindungen. Als Ordnungsprinzip fungiert die Methodengüte bzw. der erforderliche Rechenaufwand; dieses Ordnungsprinzip korreliert mit der traktablen Molekülgröße, gemessen an der Zahl der Metallatome

In die Gruppe der einfachsten Verfahren gehören das HÜCKELsche Molekül-Orbital-Verfahren (HMO), die COTTON-HAAS-Methode, ein einfaches d-Orbital-Überlappungsmodell (CH) und die Elektronengasmethode, das „free electron model" (FEM). Typisch für diese Verfahren ist der sehr geringe Rechenaufwand, die rein qualitative Natur der Ergebnisse, die aber durchaus – oder gerade deswegen – verallgemeinerungsfähig sind. Im Vordergrund bei den Verfahren der ersten Gruppe stehen Symmetrie und Topologie der untersuchten Systeme, während die stoffliche Differenzierung in den Hintergrund tritt.

Die zweite Gruppe enthält die semiempirischen Verfahren der Quantenchemie, d.h. die parametrisierten LCAO-MO-Verfahren, wie die erweiterte HÜCKEL-Theorie (EHT) und das CNDO-Verfahren („complete neglect of diffe rential overlap") sowie ein Verfahren, dem der Streuwellenformalismus zugrunde liegt, SW-X_α-SCF („scattered wave-X_α-self consistent field".) Typisch für die semiempirischen Verfahren sind starke Näherungen in den

Integralen und empirische Parametrisierung der Matrixelemente. Die SW-X_α-Methode ist durch einschneidende Näherungen im Potential und durch Freiheiten in der Größe der Streuzentren gekennzeichnet. Trotz der genannten signifikanten Näherungen bzw. Vereinfachungen ist der Rechenaufwand bei der zweiten Gruppe von Verfahren bereits so hoch, daß nur noch Moleküle einer „mittleren" Größe berechnet werden können. Typisch für die Verfahren dieser Gruppe — die heute in der Quantenchemie am häufigsten angewendet werden — sind Trendaussagen innerhalb einer Reihe verwandter Systeme, nicht aber quantitative Aussagen für das Einzelmolekül.

In der dritten Gruppe wurden schließlich die nichtempirischen Methoden zusammengefaßt, also die ab initio-HARTREE-FOCK-Verfahren (HF) oder Näherungen hierzu, wie z.B. die FENSKE-HALL-Methode (FH), aber auch Verfahren, die darüber hinausgehen und die Elektronenkorrelation berücksichtigen, wie die „configuration interaction" (CI)-Verfahren. Typisch für die Verfahren der dritten Gruppe ist der extrem hohe Rechenaufwand (hier werden alle Integrale, auch wenn es viele Millionen oder Milliarden sind, ausgerechnet); dieser hohe Rechenaufwand sichert noch nicht die Qualität der Ergebnisse, sondern diese hängt in entscheidender Weise von der Güte der benutzten Funktionen-Basis ab. Hier ist von vornherein klar, daß solche Methoden nur auf sehr kleine Moleküle anwendbar sind.

Damit hängt es in entscheidendem Maße von der jeweiligen chemischen Fragestellung ab, welche Methode bzw. Methodenkombination man für die Bearbeitung einer konkreten Aufgabe zu benutzen hat.

Die Auflistung der Methoden nach ihrer „Güte" bzw. nach dem mit ihnen verknüpften „Rechenaufwand" in Abb. 1, korreliert mit einer Anordnung der Methoden nach der jeweils traktablen „Molekülgröße", gemessen an der Zahl der Metallatome (rechter Teil der Abb. 1). Das bedeutet für die Clusterverbindungen, daß die Methoden am oberen Tabellenende bisher nur auf Zweikernkomplexe anwendbar waren, im mittleren Teil der Tabelle heute bis zu sechskernigen Clusterverbindungen angewendet werden konnten, während die Methoden im unteren Tabellenteil zu keiner wesentlichen Limitierung der Systemgröße Anlaß geben.

Im Vortrag von Herrn Professor UHLIG [1] wurde bereits ein eindrucksvolles Beispiel in Form der LAUHERschen [2] EHT-Rechnungen vorgestellt; dabei gilt es aber zu bedenken, daß bei den LAUHERschen Berechnungen an Clusterverbindungen mit $\lesssim$ (15...20) Metallatomen von der expliziten Berücksichtigung der Liganden abgesehen wurde, d.h., diese Rechnungen sind identisch mit Untersuchungen an homonuklearen Clustern.

Wir selbst konnten (zusammen mit unseren Kooperationspartnern an der Karls-Universität Prag) für solche Cluster bestimmter Symmetrie zeigen, daß für beliebige Clustergröße sogar analytische Lösungen der SCHRÖDINGER-Gleichung existieren [3] (Erweiterung des analytischen Clustermodells von MESSMER [4]).

Eine letzte einschätzende Bemerkung bezieht sich auf das Auftreten mehrerer (bis zu 20!) schwerer Metallatome, die nicht nur wegen ihrer vielen Elektronen die Ordnung der Säkularprobleme stark vergrößern, sondern auch bereits nicht mehr zu vernachlässigende relativistische Effekte mit sich bringen, also in doppelter Weise den Aufwand steigern.

Damit sind die wesentlichsten Gründe genannt, weswegen es bis heute noch nicht möglich ist, einen systematischen Überblick über die Clusterverbindungen aus der Sicht der Quantenchemie geben zu können.

2. *Clusterverbindungen – Clustermodell*

Wenn über die Theorie der Clusterverbindungen gesprochen wird, sollten unbedingt einige Bemerkungen zum Clustermodell im allgemeinen eingeschoben werden, und zwar deswegen, um das Verhältnis Experiment–Theorie richtig widerzuspiegeln und um eine Abgrenzung zwischen Clustermodell und Clusterverbindung herbeizuführen.

Das Clustermodell des Festkörpers bzw. der Festkörperoberfläche ist in den letzten 10 bis 15 Jahren zu einem derart erfolgreichen und stabilen theoretischen Instrument der Quantenchemie geworden, daß dieses Modell heute einfach nicht mehr wegdenkbar ist.

Die wesentlichsten Wurzeln des Clustermodells wurden bereits an anderer Stelle ausführlich besprochen [5], so daß hier darauf verzichtet werden kann. Es sei nur so viel bemerkt, daß es natürlich chemische Wurzeln gibt, die in der Berechnung der Eigenschaften tatsächlich existierender kleiner Teilchen liegen; eine herausragende Sonderrolle spielen dabei die Metallatom-Clusterverbindungen. Daneben gibt es theoretisch-chemische Wurzeln, die in der Modellierung des Chemisorptionsvorganges im Clustermodell der Festkörperoberfläche begründet sind. Hier treten die Metallatom-Clusterverbindungen als ganz entscheidende Modell-Substanzen in Erscheinung. Schließlich gibt es auch eine Vielzahl physikalischer Wurzeln, die auf der Simulierung des Festkörpers beruhen, und zwar bevorzugt solcher Situationen, wo die Periodizität des Festkörpers keine wesentliche Bedeutung mehr besitzt, wie bei der Beschreibung von Punktdefekten, Oberflächen und amorphen Festkörpern.

Auf diesem so skizzierten Gesamtgebiet findet man heute eine außerordentlich rege theoretische Forschungstätigkeit; ca. 95% der Unteruschungen beschäftigen sich mit Anwendungen des Clustermodells und nur ca. 5% mit den Metallatom-Clusterverbindungen selbst, obwohl gerade diese Verbindungsklasse eine herausragende Rolle bei der Fundierung des Clustermodells spielt. Und nur über diese 5% ist hier auszugsweise zu berichten.

3. Zur Berechnung der Elektronenstruktur der Clusterverbindungen

3.1. Zweikernkomplexe

Obwohl man die Zweikernkomplexe nicht zu den Clusterverbindungen rechnet, stellt diese Gruppe von Verbindungen ein außerordentlich interessantes Feld zum Studium der Metall-Metall-Wechselwirkung dar; hinzu kommt der Umstand, daß aufgrund der beschränkten Größe dieser Komplexe heute bereits viele theoretische Untersuchungen vorliegen.

Es gibt weit über 100 Vertreter von Zweikernkomplexen der Metalle Re, Mo, Cr, W, Tc, aber auch von Ru, Rh und nahezu ebensoviele Berechnungen der Elektronenstruktur dieser Verbindungen, wobei in den zurückliegenden Jahren die volle Palette der in Abb. 1 skizzierten Näherungsverfahren Anwendung gefunden hat.

Als Prototypen dieser Metall-Dimeren sollen das unverbrückte Rheniumchlorid ($Re_2Cl_8^{2-}$) sowie die carboxylato-verbrückten Chromdimeren herausgegriffen werden, deren Strukturen in Abb. 2a, b dargestellt sind.

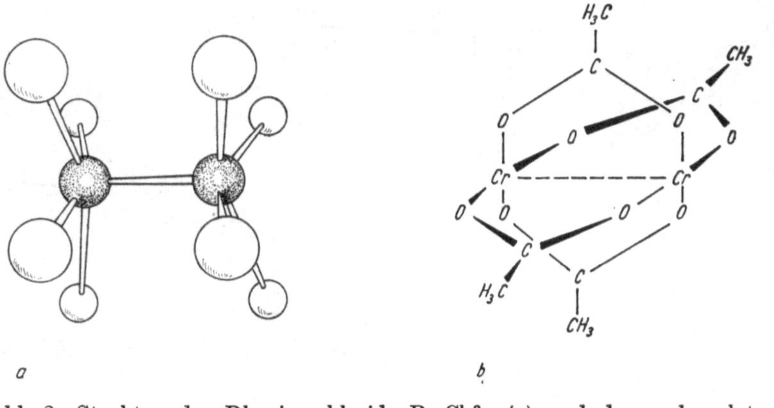

Abb. 2 Struktur des Rheniumchlorids $Re_2Cl_8^{2-}$ (a) und des carboxylatoverbrückten Chrom-Dimeren (b)

3.1.1. Rheniumchlorid ($Re_2Cl_8^{2-}$)

Die ersten erfolgreichen quantenchemischen Untersuchungen am Rheniumchlorid legte COTTON [6] 1965 vor. Abb. 3 (linke Seite) zeigt die nach der CH-Methode berechneten MO-Energien als Funktion des Methodenparameters $p = R_{Re\text{-}Re} \cdot \alpha$ ($R_{Re\text{-}Re} \sim$ Re-Re-Abstand; $\alpha \sim$ Orbitalexponent). Man erkennt, daß sich die 8 für den Zusammenhalt des Dimeren vorhandenen Elektronen (die nach Berücksichtigung der Metall-Ligand-Bindungen verbleiben) genau in den vorhandenen 4 tiefsten bindenden Zuständen unterbringen lassen: 2 Elektronen im σ-Zustand, jeweils 2 Elektronen in den beiden entarteten π-Zuständen und die restlichen beiden Elektronen im δ-Zustand. Damit hatte COTTON 1965 den Zusammenhalt der beiden genähert planar-quadratischen Fragmente (Abb. 2a) durch eine Vierfach-Bindung ($\sigma^2\pi^2\delta^2$) beschrieben und damit gleichzeitig solche wichtigen strukturellen Eigenschaften wie

- den extrem kleinen Metall-Metall-Abstand von 2,24 Å (bulk-Wert: 2,74 Å)
- die eclipsed Struktur (als unmittelbare Folge der δ-Bindung)
- den Diamagnetismus (aufgrund abgeschlossener Elektronenschalen)

dieser Verbindung erklärt.

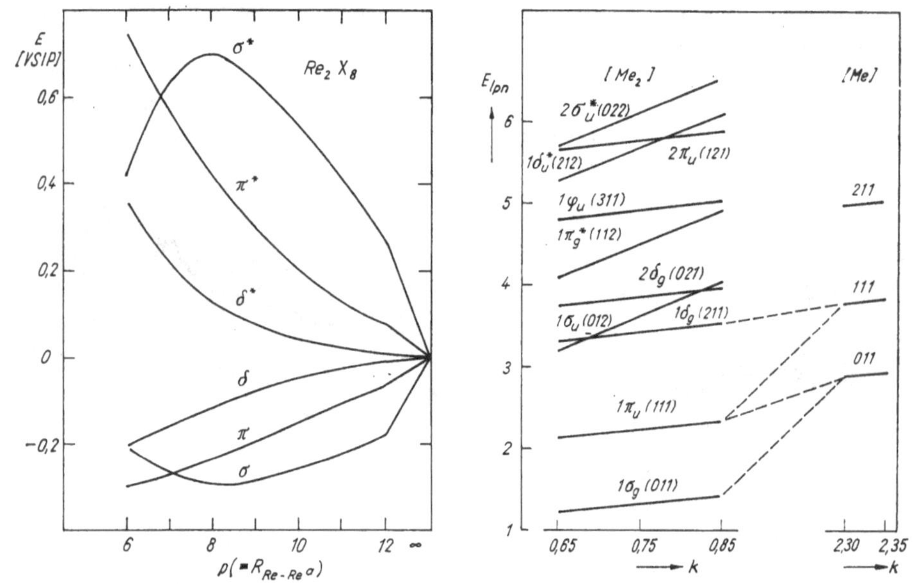

Abb. 3 MO-Energien von Rheniumchlorid $Re_2Cl_8^{2-}$
links: nach der CH-Methode [6]
rechts: nach der Elektronengasmethode (FEM) [7]
Durch Besetzung der vorhandenen vier tiefsten bindenden Zustände erhält man in beiden Fällen eine Re-Re-Vierfach-Bindung ($\sigma^2\pi^4\delta^2$)

Wir haben selbst 1968 das Rheniumchlorid mit der Elektronengasmethode (FEM) untersucht [7]; Abb. 3 (rechte Seite) zeigt die MO-Schemata des Re-Dimeren [Me_2] bzw. des Fragmentes [Me] als Funktion eines Modellparameters $k = (R/H)^2$ (R, H $\sim$ charakterisieren den aus der Molekülgröße abgeleiteten Potentialverlauf), denen man eine völlig analoge Beschreibung der Vierfachbindung entnehmen kann: $(1\sigma_g)^2(1\pi_u)^4(1\delta_g)^2$. Da die Elektronengasmethode auch eine zwanglose Berechnung der Bindungsenergien gestattet:

σ-Bindung	: 66,0 kcal/mol
2π-Bindungen	: 95,4 kcal/mol
δ-Bindung	: 17,6 kcal/mol
Vierfach-Bindung im $Re_2Cl_8^{2-}$	: 179,0 kcal/mol

erkennt man hier explizit, daß die Bedeutung der δ-Bindung nicht in der Energie (sie liefert nur 10% der Re-Re-Bindungsenergie!), sondern in ihrer strukturellen Konsequenz liegt (eine staggered Anordnung würde keine δ-Bindung ermöglichen).

Um auch andere physikalisch-chemische Eigenschaften des Rheniumchlorids, etwa die UV-VIS-Spektren, erklären zu können, bedurfte es weiterer theoretischer Vertiefung; insbesondere mußte man sich zur expliziten Berücksichtigung der Liganden entschließen. Solche Untersuchungen wurden durch Anwendung der SW-X_α-SCF-Methode 1974 [8] eingeleitet. Der heute erreichte Stand wird durch SW-X_α-SCF-Rechnungen unter Berücksichtigung relativistischer Effekte gekennzeichnet [9]. Tabelle 1 zeigt einen Vergleich der berechneten mit den experimentellen Übergangsenergien (nach [9]). Dabei wurde durch die Berücksichtigung relativistischer Effekte eine dramatische Verbesserung der Übereinstimmung mit dem Experiment erreicht.

Tabelle 1 Berechnete und experimentelle Übergangsenergien für $Re_2Cl_8^{2-}$ in cm^{-1} [9]

Orbital-Übergang[1]	Zustand[1]	theor.[2]	Pol.	exp.	Pol.
$2b_{2g} \rightarrow 2b_{1u}$	$^1A_{2u}$	7041	z	14183	z
$5e_u \rightarrow 2b_{1u}$	^1E_g	16727		17062	$\parallel, \perp$
				20109	$\perp$
$2b_{2g} \rightarrow 5e_g$	^1E_g	22115		22770	$\perp$
$1a_{1u} \rightarrow 2b_{1u}$	$^1B_{1g}$	24051			
$1a_{2g} \rightarrow 2b_{1u}$	$^1B_{2u}$	(25333)		27000	$\parallel$
$3b_{2u} \rightarrow 2b_{1u}$	$^1A_{2g}$	(26027)		28100	$\parallel$
$4e_g \rightarrow 2b_{1u}$	^1E_u	29495	xy	30370	xy
$3e_g \rightarrow 2b_{1u}$	^1E_u	(29955)	xy		

[1] Auf der Grundlage von D_{4h} — Punktsymmetrie; $^1A_{2u}$ und ^1E_u sind die dipol-erlaubten Übergangs-Zustände

[2] Eingeklammerte Werte sind (durch Schätzung benachbarter Übergänge in das gleiche virtuelle Orbital) nur auf ca. 500 cm^{-1} genau

Das aus den relativistisch korrigierten SW-X_α-SCF-Rechnungen folgende MO-Schema findet man in Abb. 4. Dort wird zunächst ein Vergleich mit den Ergebnissen der FH-Methode durchgeführt, der einerseits zwar signifikante quantitative Unterschiede (aufgrund der verschieden starken Niveauspreizung) verdeutlicht ,aber andererseits eine gute qualitative Übereinstimmung zwischen beiden Methoden bezüglich der Sequenz der MO-Energien zeigt.

Trotz wesentlicher theoretischer Verfeinerungen, die die in Abb. 4 benutzte Methode von jenen in Abb. 3 verwendeten Verfahren unterscheiden, erkennt man deutlich auch aus dem verfeinerten MO-Schema der Abb. 4 das alte Schema der Vierfachbindung: $\sigma^2\pi^2\delta^2$. (Zur Erleichterung dieser Analyse wurden in

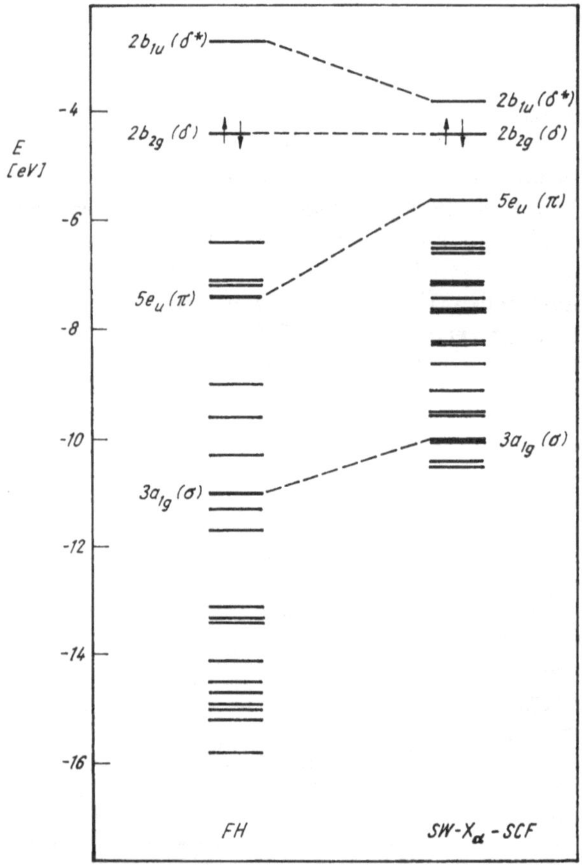

Abb. 4 MO-Schema für $Re_2Cl_8^{2-}$ [9]
rechts: SW-X_α-SCF-Rechnung unter Berücksichtigung relativistischer Effekte
links: Rechnung nach der Fenske-Hall-Methode (FH)
$2b_{2g}(\delta)$ ist das höchste besetzte MO (HOMO)

Abb. 4 diejenigen MO-Energien, die hauptsächlich Re-d-Charakter besitzen, stark gekennzeichnet; die schwach gezeichneten Niveaus entsprechen Liganden-MO's). Das ist ein schlagender Beweis für die qualitative Richtigkeit der ursprünglichen Rechnungen von COTTON [6] und unserer Elektronengasrechnungen [7]. Typisch hierbei ist, daß die Ergebnisse der einfachen Methoden auf die geschilderte Weise im Rahmen der genaueren Verfahren „aufgehoben" werden.

Die am Prototyp $Re_2Cl_8^{2-}$ skizzierte Entwicklung führte schließlich zu einem konsistenten Bild der Vierfachbindung bei den Dimeren von Mo, W, Tc und Re (mit D_{4h}-Symmetrie). Im Gegensatz dazu waren die carboxylatoverbrückten Chromdimeren (Abb. 2b) Gegenstand großer Kontroversen bezüglich ihrer Elektronenzustände, ihres Bindungsschemas und ihrer Elektronenverteilung.

3.1.2. Carboxylato-überbrückte Chromdimere $Cr_2(O_2CH)_4$

Aus Raumgründen beschränke ich mich auf einen knappen Überblick der in dem letzten Jahrfünft durchgeführten ab initio-Rechnungen am $Cr_2(O_2CH)_4$. Eine der ersten SCF-Untersuchungen dieser Art am System $Cr_2(O_2CH)_4 \cdot 2H_2O$ stammt von GARNER et al. (1976) [10] und führte bei einem Cr-Cr-Abstand von 2,36 Å zu der überraschenden Auffassung, daß in diesem System keine Cr-Cr-Wechselwirkung vorliegt, da hier auch zwei antibindende Zustände besetzt werden müssen, so daß sich im resultierenden SCF-Bindungsschema $\sigma^2\delta^2\delta^{*2}\sigma^*$ gerade alle Bindungen kompensieren.

Diese Untersuchungen wurden auch auf andere Cr-Dimeren ausgedehnt, u.a. auf $Cr_2(CH_3)_8^{4-}$ [11]. Die entsprechende SCF-Rechnung ergab auch für dieses nichtüberbrückte Dimere bei einem Cr-Cr-Abstand $< 2{,}0$ Å keine Metall-Metall-Bindung! Daraus wurde geschlossen, daß in den Cr-Dimeren offenbar Korrelationseffekte eine große Rolle spielen müssen, und tatsächlich lieferte eine korrelierte Wellenfunktion (CI-Verfahren) einen großen Beitrag der Vierfach-Bindungskonfiguration, und die resultierende Energie lag unterhalb derjenigen aus der „nichtgebundenen" SCF-Funktion.

Im gleichen Jahr (1977) konnte BENARD et al. [12] die analoge Situation für das überbrückte Cr-Dimere $Cr_2(O_2CH)_4$ zeigen: Während die SCF-Rechnung keine Cr-Cr-Bindung lieferte, führte die Berücksichtigung einer Konfigurationswechselwirkung (CI) zu einer signifikant geänderten Grundzustandskonfiguration

$$\sigma^2\delta^2\delta^{*2}\sigma^{*2} \rightarrow \sigma^2\pi^4\delta^2$$

und damit zurück zum bekannten Vierfach-Bindungsschema. Damit war gezeigt, daß eine ab initio-SCF-Rechnung allein nicht geeignet ist zur Beschreibung des Grundzustandes von $Cr_2(O_2CH)_4$. Interessant scheint zu erwähnen, daß eine ebenfalls 1977 von COTTON et al. [13] durchgeführte SW-X_α-SCF-

Rechnung an $Cr_2(O_2CH)_4$ – im Gegensatz zu den geschilderten ab initio-SCF-Untersuchungen – keinen Zweifel an der Vierfach-Bindung läßt. Die Bindungsmultiplizität von 4 steht hier nicht im Widerspruch zu dem relativ großen Cr-Cr-Abstand, weil die Verteilung des Überschusses von 8 Elektronen auf die Me-Me-Bindungsorbitale die formale Forderung für die Bindungsordnung 4 erfüllt, unabhängig von der wirklichen Stärke der Bindung, wie sie sich im Me-Me-Abstand zeigt.

1978 wird durch Benard et al. [14] die Bindungssituation bei den Cr-Dimeren und darüber hinaus bei den Dimeren der 3d- und 4d-Metalle zusammenfassend geklärt. Die Untersuchungen haben gezeigt, daß das Schema der Vierfach-Bindung auf alle studierten binuklearen Komplexe angewendet werden kann. Es liefert eine ausgezeichnete Beschreibung für Komplexe der 4d-Reihe (Mo, Tc) und führt zu einer guten Näherung bei den 3d-Metallen (Cr, Mn). Diese Schlußfolgerung kann für Mo und Tc aus reinen SCF-Rechnungen gezogen werden, aber für die richtige Beschreibung von Cr ist eine CI-Rechnung erforderlich. In jedem Falle führt eine Konfigurationswechselwirkung (CI) zu einer nützlichen Verfeinerung der Wellenfunktion, da eine detaillierte Analyse der CI-Entwicklung zu einer Korrelation zwischen relativer Schwäche der Vierfach-Bindung (bezogen auf die Me-Me-Bindungslänge) und dem Gewicht derjenigen Konfigurationen der Entwicklung, die verschieden sind von der vierfach gebundenen Konfiguration, führt.

Damit ist die lange Zeit unverstandene große Abstandsvariabilität bei den vierfach gebundenen Dimeren erklärt; das zeigt deutlich, daß eine experimentelle Abstandsbestimmung zur Deutung einer Bindung heute nicht mehr ausreicht! Die berechnete Cr-Cr-Potentialkurve in $Cr_2(O_2CH)_4$ ist derart flach [14], daß man mit einem Energieaufwand von ca. 20 kcal/mol die Cr-Cr-Bindungslänge um 1 Å (!) ändern kann.

Noch einmal sollte das skizzierte Gebäude der metallischen Vierfach-Bindung in den Dimeren erschüttert werden, als nämlich sorgfältige experimentelle Untersuchungen auf das Fehlen signifikanter Dichte-Peaks der Elektronendeformationsdichte innerhalb der Me-Me-Bindungsregion vieler binuklearer Komplexe aufmerksam machten [15]. Die Analyse von SCF- und CI-Wellenfunktionen zeigte aber [15], daß aufgrund des diffusen Charakters der d-Orbitale große Akkumulationsgebiete mit niedrigen Dichtegradienten auftreten, d.h., keine scharfen Peaks in begrenzten Gebieten anzutreffen sind. Somit spricht das experimentell gesicherte Fehlen scharfer Elektronendichte-Peaks in der Me-Me-Bindungsregion nicht gegen eine starke Me-Me-Bindung.

3.2. Sechskernige Clusterverbindungen

Angesichts der Größe sechskerniger Clusterverbindungen sind die theoretischen Arbeiten hier weniger umfangreich – die Methoden am oberen Ende der Tabelle in Abb. 1 fehlen bereits – und deswegen auch besser zu überblicken.

Den hauptsächlichen Untersuchungsgegenstand in den letzten 5–10 Jahren bilden die bekannten niederen Halogenide aus Metallen der V. und VI. Nebengruppe (NG) mit den Strukturtypen $Me_6^{Vb}X_{12}{}^{2+}$ und $Me_6^{VIb}X_8{}^{4+}$ ($X = F$, Cl, Br, I), die in Abb. 5 dargestellt sind und die strukturell mit diesen eng verwandten CHEVREL-Phasen (z.B. $PbMo_6S_8$) [16].

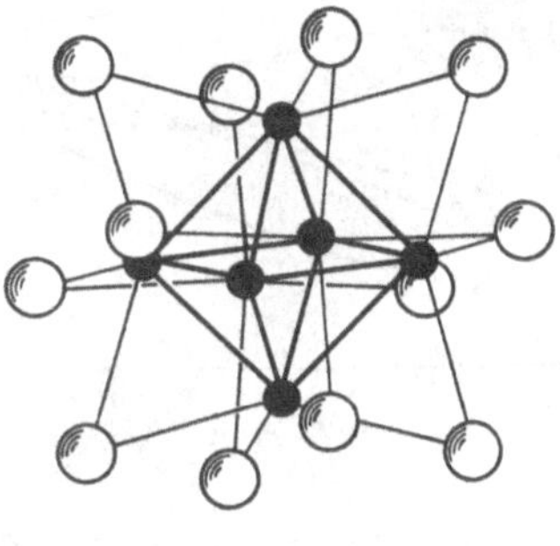

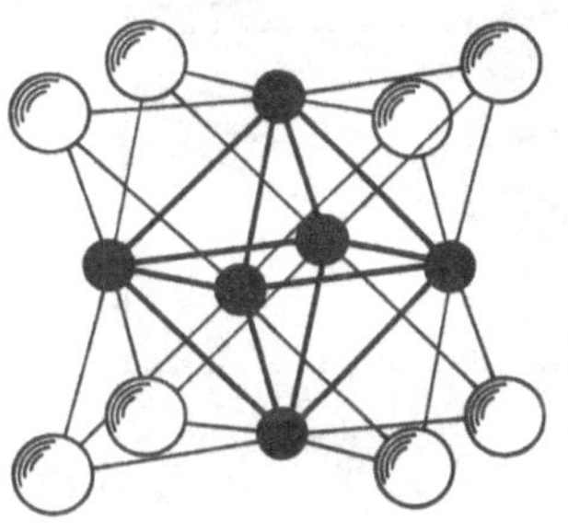

Abb. 5 Die beiden Strukturtypen bei den niederen Halogeniden aus Übergangsmetallatomen der V. Nebengruppe: Me_6X_{12} und der VI. Nebengruppe: Me_6X_8 (● Me, ○ X)

Den Reigen der quantenchemischen Untersuchungen der niederen Halogenide – zunächst wieder ohne explizite Berücksichtigung der Liganden – eröffnete 1964 COTTON et al. [17]. Abb. 6 zeigt — für die beiden in Rede stehenden Strukturtypen – die nach der CH-Methode ermittelten MO-Schemata, wieder als Funktion des Modellparameters $p = R_{Me-Me} \cdot \alpha$. Man erkennt unmittelbar, daß für die V. NG die — nach Berücksichtigung der Liganden – für den Zusammenhalt des Clusters zur Verfügung stehenden 16 Elektronen genau die 8 existierenden bindenden Zustände A_{1g}, A_{2u}, $T_{1u}(1)$, $T_{2g}(1)$ besetzen, während sich für die VI. NG die entsprechenden 24 Elektronen gerade in den 12 vorhandenen bindenden Zuständen A_{1g}, $T_{1u}(1)$, $E_g(1)$, T_{2g}, $T_{2u}(1)$ unterbringen lassen. In beiden Fällen ergibt sich ein Singulett-Grundzustand und damit eine zwanglose Erklärung für den bekannten Diamagnetismus dieser Verbindung. Im Gegensatz zu den metallischen Dimeren treten hier Bindungsordnungen $\leqq 1$ auf.

Auch wir haben 1968 – wieder mittels der Elektronengasmethode (FEM), nach einer Korrektur [18] einer entsprechenden Arbeit von LIBBY [19] mit der Version des „net-work-models“ – ebenfalls erfolgreich die niederen

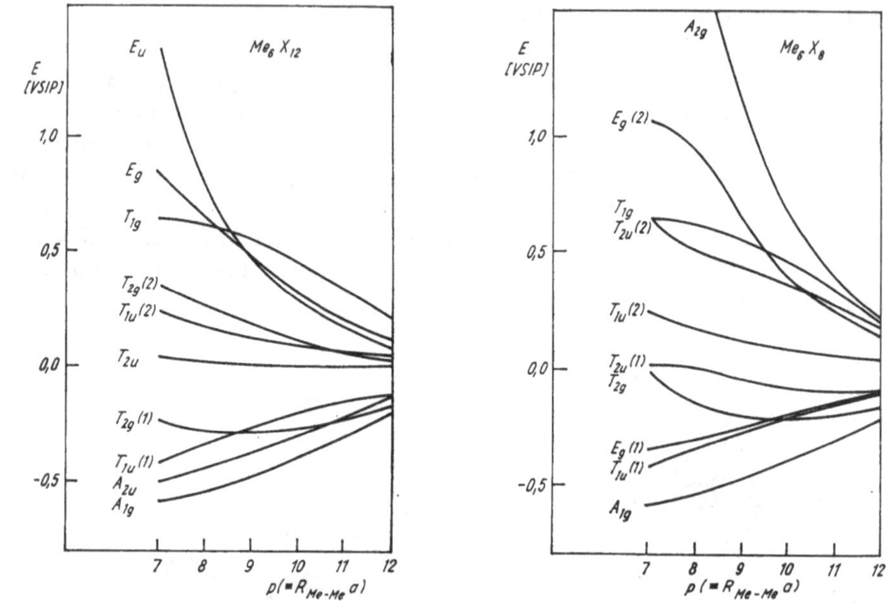

Abb. 6. MO-Energien für die niederen Halogenide aus Metallen der V. ($Me_6X_{12}^{2+}$) und VI. Nebengruppe ($Me_6X_8^{4+}$) nach der CH-Methode [17]. Die vorhandenen bindenden MO's bieten in der V. Nebengruppe gerade 16 Elektronen und in der VI. Nebengruppe genau 24 Elektronen Platz

Halogenide der Übergangsmetalle aus der V. und VI. NG behandelt [7, 20]. Abb. 7 zeigt die FE-MO-Energien und verdeutlicht, da zu den Elektronenzahlen für abgeschlossene Schalen auch nach der Elektronengasmethode die „magic numbers" „16" und „24" gehören, daß auch dieses Verfahren den Diamagnetismus richtig beschreibt.

Der nächste Schritt auf dem Wege zu einer theoretisch vertieften Beschreibung der Metallatom-Clusterverbindungen besteht auch hier in der expliziten Berücksichtigung der Liganden innerhalb der Rechnung. Die ersten Rechnungen dieser Art waren EHT-Untersuchungen von Guggenberger et al. [21] an $Mo_6Br_{12}2H_2O$, von Korolkov et al. [22] am Nb-, Ta- und W-Chlorid und eigene Untersuchungen an den niederen Halogeniden aus Metallen der V. und VI. NG [23].

Der derzeitige Stand quantenchemischer Untersuchungen an sechskernigen Clusterverbindungen wird gekennzeichnet durch SW-X_α-SCF-Rechnungen von Cotton et al. an Mo-Chlorid [9, 24], von Seifert [25] an den niederen Halogeniden des Molybdäns und durch analoge Untersuchungen, die wir zusammen mit Dresdner [26] und Leipziger Kollegen [27] durchgeführt habe.n.

Schließlich sei auf die ersten Berechnungen an einer Hydrido-Interstitial-Clusterverbindung hingewiesen, die wir zur Zeit am System HNb_6I_{11} durchführen [28].

Worin besteht nun im wesentlichen der Einfluß der Liganden? Anhand ausgewählter Beispiele sollen in Beantwortung dieser Frage vier Aspekte genannt werden.

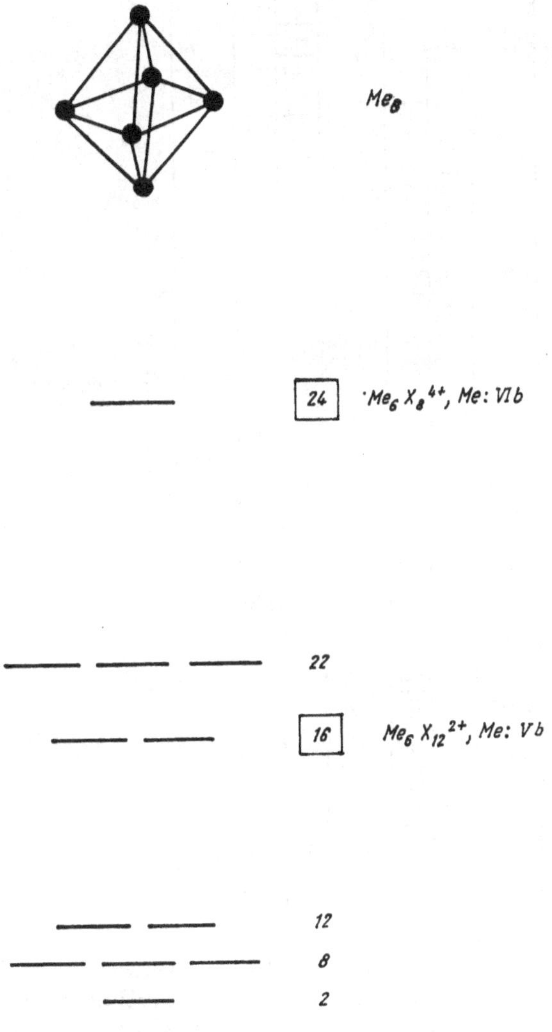

Abb. 7 MO-Schema für die niederen Halogenide aus Metallen der V. und VI. Nebengruppe nach der Elektronengasmethode („net work model") (FEM) [7, 20]

1. Zunächst tritt eine deutliche Mischung von Metall- und Ligand-Orbitalen ein. Das wird in Abb. 8 sehr anschaulich am Beispiel der Molybdän-Halogenide gezeigt [25, 26]. Für die vier Verbindungen sind die jeweiligen MO-

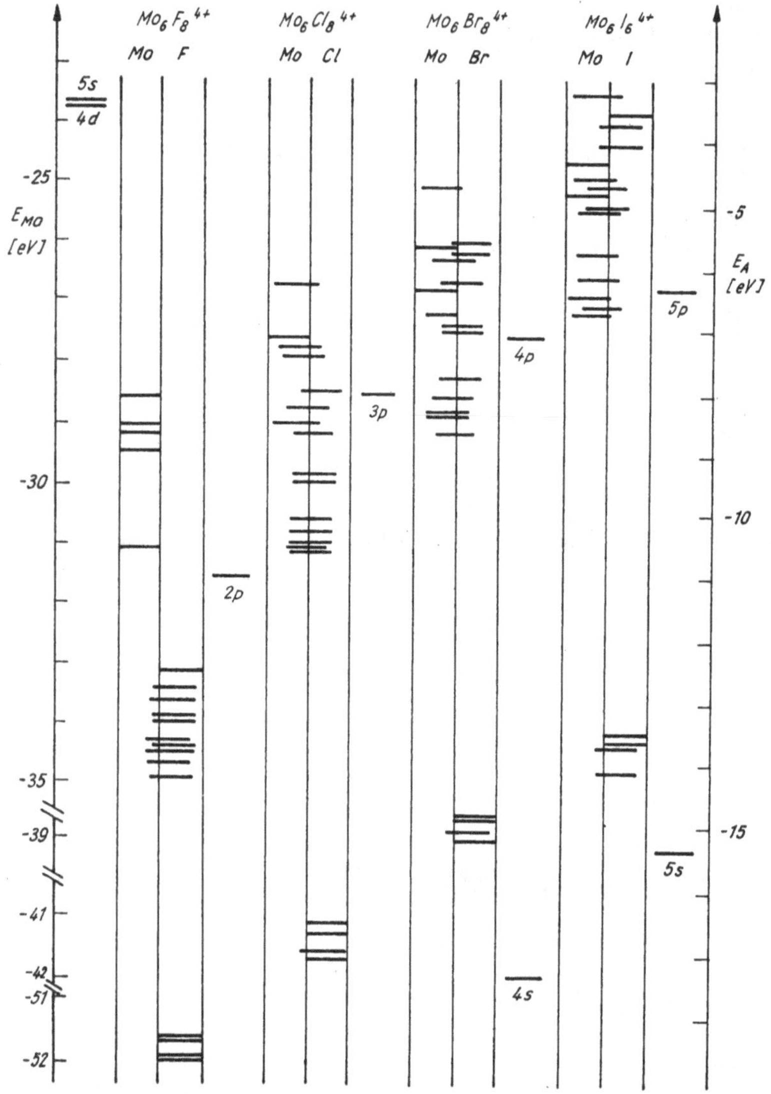

Abb. 8 SW-X_α-SCF-MO-Energien für die vier Halogenide des Molybdäns [25, 26] (im Vergleich zu den zugehörigen AO-Energien). Der gezeichneten Lage des einzelnen Niveaus bezüglich der Molybdän- bzw. Halogenspalte kann man das Mischungsverhältnis zwischen Metall- und Halogenanteil im jeweiligen MO entnehmen. Es gibt im allgemeinen nur sehr wenig „reine" Zustände

Energien (zum Vergleich auch die zugehörigen AO-Energien) aufgetragen, und zwar jeweils in der Molybdän-Spalte, falls es reine Metall-Zustände sind, bzw. in der Halogen-Spalte, wenn es sich um reine Halogen-Zustände handelt. Je nach der prozentualen Mischung des jeweiligen MO's befinden sich die Niveaus mehr in der einen oder anderen Spalte, so daß man den Grad der Mischungen visuell gut erkennen kann. Es gibt also im allgemeinen nur sehr wenig „reine" Zustände. Eine Ausnahme bildet die Fluorverbindung; wegen Einzelheiten siehe [25, 26].

2. Trotz der kräftigen Durchmischung von Metall- und Ligand-Orbitalen kann man die Mo-Mo-Bindungsorbitale leicht herausfinden, die im wesentlichen aus Mo(d)-Anteilen bestehen. Abb. 9 (links) zeigt diese Analyse am Beispiel des $Mo_6Cl_{14}^{2-}$ ($\equiv[Mo_6Cl_8^i]Cl_2^aCl_{4/2}^{a-a}$) [24]; hier ist der Mo-Anteil in % an den Mo(d)-„reichen" Zuständen angegeben. Sieht man vom Zustand $2t_{2g}$ (43%) ab, so sind das gerade diejenigen Orbitale, die die einfachsten Methoden ausschließlich berechnen: $4a_{1g}$, $5t_{1u}$, $4t_{2g}$, $2t_{2u}$, 4_{eg} (vgl. Abb. 6, rechte Seite; wegen der geänderten Sequenz siehe den folgenden Punkt. 3).

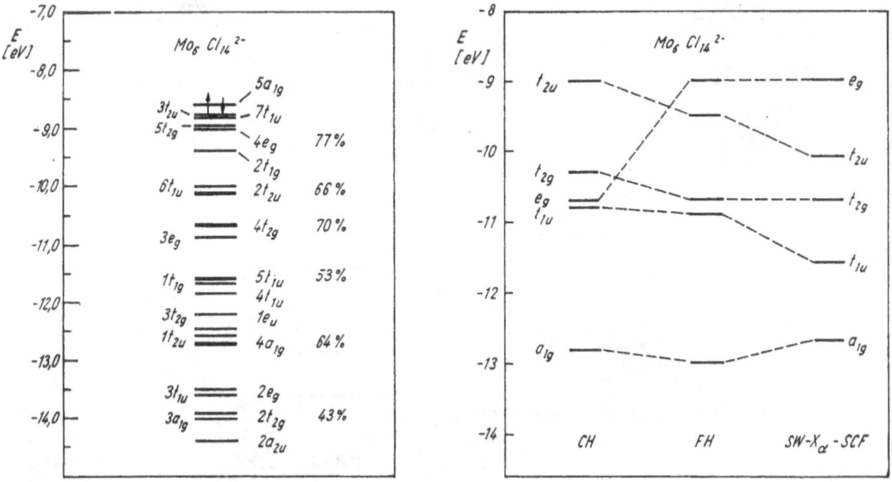

Abb. 9 MO-Energien für Molybdän-Chlorid $Mo_6Cl_{14}^{2-}$ ($\equiv[Mo_6Cl_8^i]Cl_6^a$)

links: SW-X_α-SCF-Rechnung nach [24]; für MO's mit hohem Mo(d)-Anteil sind die % des Me-Anteils angegeben; vernachlässigt man das MO mit 43% Mo(d)-Anteil, so sind damit die Mo-Mo-Bindungsorbitale gekennzeichnet, d. h. jene MO's, die die einfachen Methoden ausschließlich berechnen.

rechts: Vergleich der nach drei verschiedenen Methoden berechneten Mo-Mo-Bindungs-Orbitale [24]. Der Unterschied in der Sequenz bei den einfachen Methoden (CH), wo die Liganden nicht explizit berücksichtigt werden, im Vergleich zur vollständigen Berechnung (FH, SW-X_α-SCF), beruht auf der Ligandendestabilisierung des MO's e_g

3. Liganden können sich signifikant in einer Ligandendestabilisierung bestimmter MO's bemerkbar machen. Dieser Effekt ist in Abb. 9 (rechte Seite) am Beispiel von $Mo_6Cl_{14}^{2-}$ gezeigt [9]. Dort werden die Mo-Mo-Bindungsorbitale von Mo-Chlorid – nach drei Methoden berechnet – verglichen. Die unterschiedlichen MO-Sequenzen bei den einfachen Methoden (CH), wo die Liganden nicht explizit in die Rechnung einbezogen werden, im Vergleich zu vollständigen Berechnungen (FH, SW-X_α-SCF), beruhen auf der starken Ligandendestabilisierung des MO's e_g.

Falls mit einer solchen Ligandendestabilisierung ein Wechsel des höchsten besetzten MO's (HOMO) verbunden ist, kann ein solcher Wechsel signifikant geänderte Eigenschaften des Systems zur Folge haben. Abbildung. 10 zeigt hierfür ein interessantes Beispiel [9], die Clusterverbindungen $Nb_6Cl_{12}^{q+}$ ($q = 2$, 3, 4), die durch den experimentell bekannten Wechsel im Magnetismus

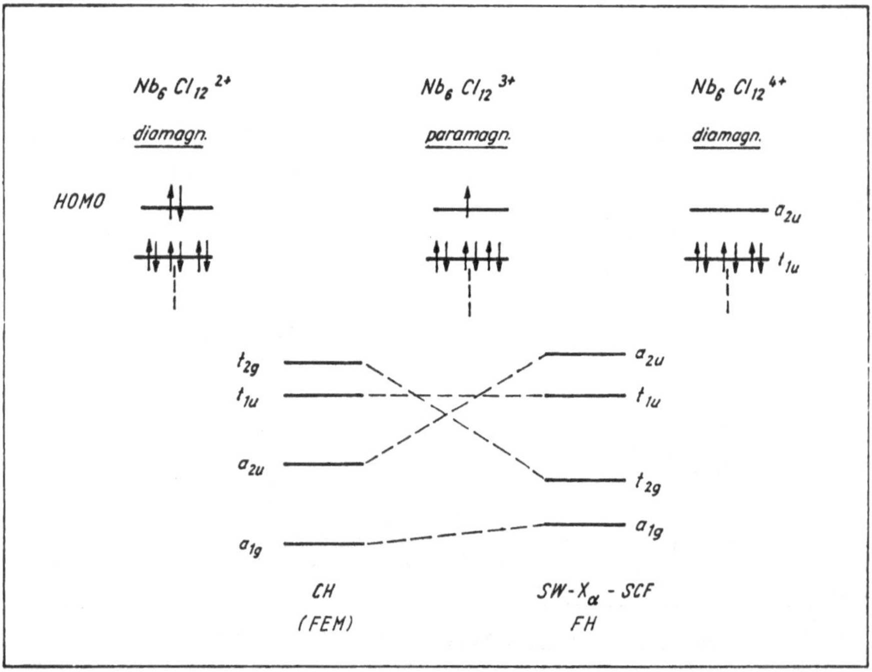

Abb. 10 Die quantenchemische Erklärung des Wechsels im Magnetismus der Clusterverbindungen $Nb_6Cl_{12}^{q+}$ ($q = 2, 3, 4$) beruht auf der Forderung nach einem einfachen Zustand für das HOMO ($= a_{2u}$) (oberer Bildteil).

Da erst eine Ligandendestabilisierung zu einem Wechsel im HOMO führt ($t_{2g} \rightarrow a_{2u}$), sind nur jene Methoden in der Lage, den Magnetismus der drei Cluster richtig zu beschreiben, die die Liganden explizit in die Rechnung einbeziehen (SW-X_α-SCF, FH), nicht aber die einfachen Verfahren (CH, FEM), die auf eine direkte Berechnung des Ligandeneinflusses verzichten (unterer Bildteil)

Diamagnetismus ($q = 2$) → Paramagnetismus ($q = 3$) → Diamagnetismus $q = 4$) ausgezeichnet sind, der theoretisch nur dann verstanden werden kann, wenn bei der sukzessiven Verkleinerung der Elektronenzahl das zu entleerende HOMO ein einfacher Zustand ist, wie im oberen Teil der Abb. 10 angedeutet wurde (a_{2u}). Im unteren Teil der Abb. 10 ist die zugehörige Ligandendestabilisierung des MO's a_{2u} qualitativ dargestellt, die zu dem maßgeblichen Wechsel im HOMO

$$t_{2g} \rightarrow a_{2u}$$

führt. Deswegen sind die einfachen Methoden (CH, FEM), die die Liganden nicht explizit berücksichtigen, nicht in der Lage, den oben beschriebenen Wechsel im Magnetismus richtig zu berechnen. Insofern stellt die Serie der $Nb_6Cl_{12}^{q+}$-Cluster ($q = 2, 3, 4$) ein unbestechliches Testbeispiel für jede Theorie der Me-Me-Bindung dar, da sich in dieser Gruppe von Ionen nur die Gesamtzahl der Elektronen ändert und jede quantenchemische Berechnung den damit verbundenen Wechsel im Magnetismus richtig wiedergeben muß.

4. Für die Interpretation der Photoelektronen-Spektren benötigt man selbstverständlich neben den Metall-Orbitalen auch die Liganden-Orbitale und deren Mischungen (vgl. auch Abb. 4 und Tab. 1). Umgekehrt kann man aus einer erfolgreichen Deutung der Übergänge in den Photoelektronen-Spektren Rückschlüsse auf die Zuverlässigkeit der quantenchemischen Näherung (die die Liganden explizit berücksichtigen muß) ziehen. Einen solchen Test haben wir am Beispiel des Molybdän(II)-Chlorids durchgeführt [27]. Abbildung 11 gibt eine Darstellung der mittels SW-X_α berechneten XPS (X-ray photoelectron spectra) dieser Verbindung. Kurve *A* zeigt den experimentellen Verlauf des XPS, Kurve *a* das theoretische Spektrum (SCF-Rechnung), während den Kurven *b* und *c* nicht selbstkonsistente SW-X_α-Rechnungen für $Mo_6Cl_8{}^{4+}$ und $[Mo_6Cl_8]Cl_6{}^{2-}$ zugrunde liegen. In allen vier Spektren erkennt man jeweils drei Peaks. Für die nicht selbstkonsistenten Rechnungen gilt für diese Peaks in aufsteigender Energie:

Cl(s)-Peak – Cl(p)-Peak – genähert reiner Mo(d)-Peak.

Die SCF-Rechnung (Kurve *a*) führt schließlich (neben einer Verschiebung der Cl(p)-MO's) zu einer signifikanten Mo(d)-Cl(p)-Mischung, was zu einem Intensitätswechsel der beiden rechten Peaks Anlaß gibt, so daß nunmehr qualitativ nicht nur die Lagen, sondern auch die Intensitätsverhältnisse im XPS mit dem Experiment übereinstimmen, was die Zuverlässigkeit von SW-X_α-Rechnungen unterstreicht. Wegen Einzelheiten muß auf [27] verwiesen werden. Hier sei nur so viel gesagt, daß die Stabilität der Mo_6Cl_8-Cluster nicht nur durch Mo-Mo-Wechselwirkung, sondern auch durch kovalente Mo-Cl-Bindungen gesichert wird.

Kurven *d* und *e* sind die theoretischen Voraussagen der XPS für das entsprechende Mo(II)-Bromid(d) und -Jodid(e), die zur Zeit in Ermangelung experimenteller Spektren noch nicht überprüft werden können.

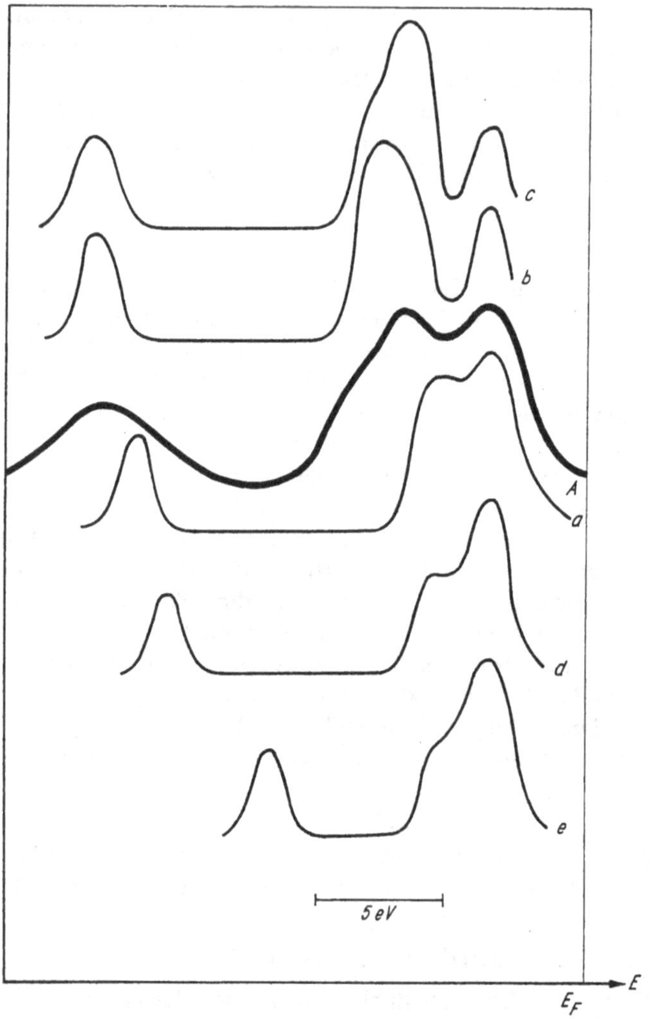

Abb. 11 Nach der SW-X_α-SCF-Methode berechnetes Photoelektronenspektrum (XPS) für Mo(II)-Chlorid im Vergleich mit dem experimentell ermittelten Spektrum sowie die theoretischen Vorhersagen für die Gestalt der XPS für die analoge Br- und I-Verbindung [27].

A: experimentelles Spektrum (XPS) vom Mo(II)-Chlorid
a: theoretisches XPS von $Mo_6Cl_8^{4+}$ (SCF-Rechnung)
b: theoretisches XPS von $Mo_6Cl_8^{4+}$ (nicht selbstkonsistente Rechnung)
c: theoretisches XPS von $Mo_6Cl_{14}^{2-}$ (nicht selbstkonsistente Rechnung)
d: theoretisches XPS von $Mo_6Br_8^{4+}$ (SCF-Rechnung)
e: theoretisches XPS von $Mo_6I_8^{4+}$ (SCF-Rechnung)

4. Zur Analogie: Clusterverbindung – Festkörperoberfläche

Von der Analogie zwischen Metallatom-Clusterverbindungen und dem metallischen Festkörper wurde bereits im Abschnitt 2. berichtet (vgl. auch [1]). Diese interessante Analogie soll zunächst bezüglich der Festkörperoberfläche an zwei Beispielen illustriert werden.

So führt die Berechnung der Liganden-Bindungsenergie in der Clusterverbindung zu Aussagen über die Chemisorptionsenergie des als Adsorptiv fungierenden Liganden auf der entsprechenden metallischen Oberfläche. Dieser Sachverhalt wird für die niederen Molybdän- und Wolfram-Halogenide in Tab. 2 gezeigt, wo wir die mittels EHT berechnete mittlere Bindungsenergie

Tabelle 2 Vergleich der berechneten Ligand-Bindungsenergie $\Delta E_{Bind/X}$ in den Mo- und W-Halogeniden [23] mit experimentellen Werten der Chemisorptionsenergie ΔE_{Chem} der Halogenatome auf den entsprechenden Metallen [29]

X	$Mo_6X_8^{4+}$		$W_6X_8^{4+}$	
[eV]	$\Delta E_{Bind/X}$	ΔE_{Chem}	$\Delta E_{Bind/X}$	ΔE_{Chem}
Cl	−4,3	−4,1	−4,2	–
Br	−3,4	−3,7	−3,5	−3,8
I	−2,5	−3,1	−2,8	−3,4

pro Halogen-Ligand $\Delta E_{Bind/X}$ [23] mit den experimentellen Werten der Chemisorptionsenergie ΔE_{Chem} [29] vergleichen. Auch mit unseren SW-X_α SCF-Berechnungen an den niederen Mo-Halogeniden [26] gelingt es – wie Abb. 12 zeigt – die Analogie zwischen Ligand-Bindungsenergie und Chemisorptionsenergie transparent zu machen (als Maß für die Ligand-Bindungsenergien wird -E_B^+ verwendet, d.h. die Differenz der Gesamtenergie des Cluster-Kations und der Summe der Gesamtenergien der freien Halogenatome [26]).

Das zweite Beispiel soll zeigen, wie man aus dem berechneten Einfluß der Liganden auf den Metallcluster zu Aussagen über mikroskopische Teilschritte heterogener Gas-Festkörper-Reaktionen gelangen kann. Den stofflichen Hintergrund bilden wieder die Mo-Halogenide $Mo_6X_8^{4+}$. Zunächst fällt bei diesen Systemen auf, daß die Fluorverbindung bisher nicht synthetisiert wurde. Wir geben dafür folgende theoretische Erklärung [26]. Denkt man sich das Mo-Fluorid aufgebaut aus dem Mo_6-Oktaeder, an den man die F-Atome anlagert (natürlich kein Syntheseweg, aber ein interessantes Gedankenexperiment), so zeigt die quantenchemische Rechnung (SW-X_α-SCF) eine signifikante Lockerung der Mo-Mo-Bindungen, diese Erscheinung gilt nicht für die übrigen Halogene, und deswegen sollten einkernige Mo-F-Komplexe vor mehrkernigen Verbindungen bevorzugt sein.

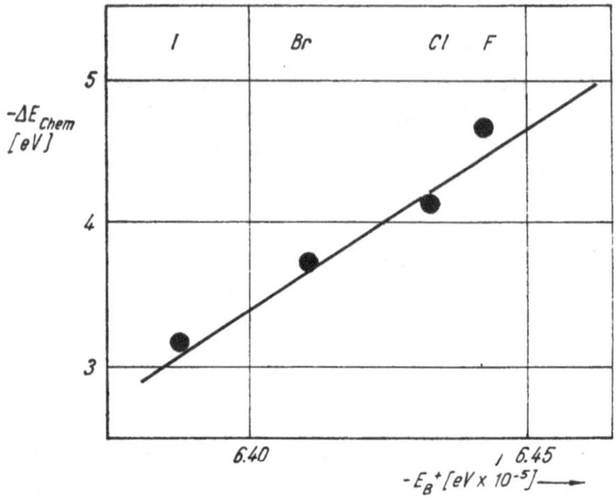

Abb. 12 Vergleich der Liganden-Bindungsenergie in $Mo_6X_8^{4+}$ (gemessen durch $-E_B{}^+$) [26] mit der Chemisorptionsenergie ΔE_{Chem} der Halogenatome auf metallischem Molybdän [29] $\left(-E_B{}^+ = E_{ges}\,(\text{Clusterkation}) - \sum_X E_{ges}\,(X)\right)$

Durch Analogieschluß auf den Festkörper sollten also bei chemischem Angriff von F-Adsorptiven auf metallischen Molybdän-Oberflächen Mo-Mo-Bindungen stark gelockert werden und metallische Gitterbausteine über den Ballon-Effekt [30] die Gasphase erreichen. Genau diese Erscheinung der Demetallisierung ist aus Chemisorptionsuntersuchung von Halogenen auf Molybdän für Fluor bekannt [29]. Solche und ähnliche Überlegungen können z.B. für den Prozeß des reaktiven Plasmaätzens zur Erzeugung mikroelektronischer Bauelemente Anwendung finden [31].

5. *Zur Analogie: Clusterverbindung – Festkörper-bulk*

Daß diese Analogie der Clusterverbindungen über die Festkörperoberfläche bis in das Kristallinnere hinein wirkt, wurde bereits im Kapitel 2 angedeutet. Einen eindringlichen Hinweis darauf stellten z.B. die Interstitial-Verbindungen dar. Auch im Kapitel 5 kann aus Raumgründen nur ein spezieller Aspekt der Clusterverbindung-bulk-Analogie durch ein Beispiel erläutert werden.

Die Interstitial-Metallatom-Clusterverbindungen, wo Hauptgruppenatome wie H, C, N, P, S in den Zwischenräumen „eingelagert" sind, bilden ein interessantes Teilgebiet der Cluster-Chemie. Ich beschränke mich auf die entsprechenden Hydrido-Clusterverbindungen, weil heute das Gebiet „Wasserstoff in Metallen" äußerst aktuell ist; man denke z.B. nur an die Metallhydride als Wasserstoffspeicher.

Die erste von SIMON 1967 [32] gefundene H-Interstitial-Cluster-Verbindung war das Niob-Jodid HNb_6I_{11}, dessen Struktur $[HNb_6I^i_8]\ I^a_{6/2}$ in Abb. 13 gezeigt wird. Bezogen auf die beiden im Kap. 3.2. erläuterten Strukturtypen bei den niederen Halogeniden aus Metallen der V. und VI. NG bildet zunächst die H-freie Verbindung Nb_6I_{11} eine strukturelle Ausnahme [33]; in der Hydrido-Verbindung HNb_6I_{11} befindet sich das H-Atom im Zentrum des Nb_6-Oktaeders. Nach dieser Entdeckung entwickelte sich das Teilgebiet der Interstitial-Clusterverbindungen sprunghaft.

Unsere vorläufigen SW-X_α-Untersuchungen dieses Niobjodids und der zugehörigen Hydrido-Clusterverbindung Nb_6I_{11}/HNb_6I_{11} lieferten bereits interessante Ergebnisse [28]. Abb. 14 zeigt die Mo-Energien der beiden Verbindungen

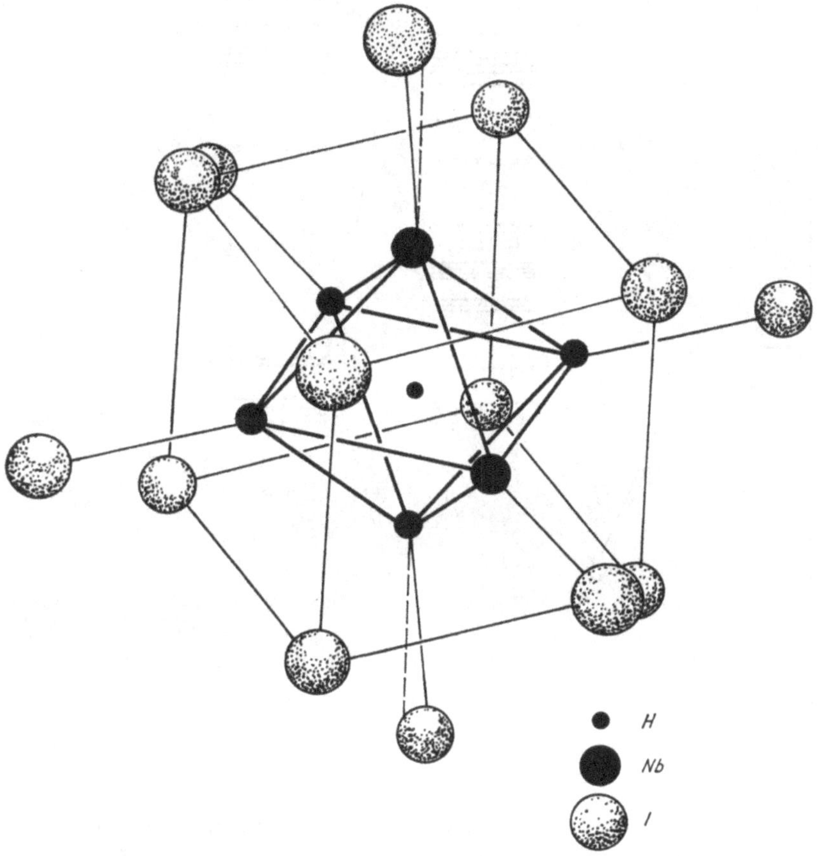

Abb. 13 Struktur der ersten Hydrido-Interstitial-Clusterverbindung HNb_6I_{11} ($\equiv [HNb_6I^i_8]I^a_{6/2}$); das H-Atom befindet sich im Zentrum des Nb_6-Oktaeders [32]

einschließlich der 1s-Wasserstoff-Energie. Da das HOMO in beiden Fällen das markierte t_{2u}-Orbital ist, wird sowohl der bekannte Paramagnetismus der H-freien Verbindung wie der durch H-Einbau hervorgerufene Diamagnetismus der Hydrido-Interstitial-Clusterverbindung richtig beschrieben. Der Einbau des H-Atoms ist mit einer kräftigen kovalenten Bindung des Wasser-

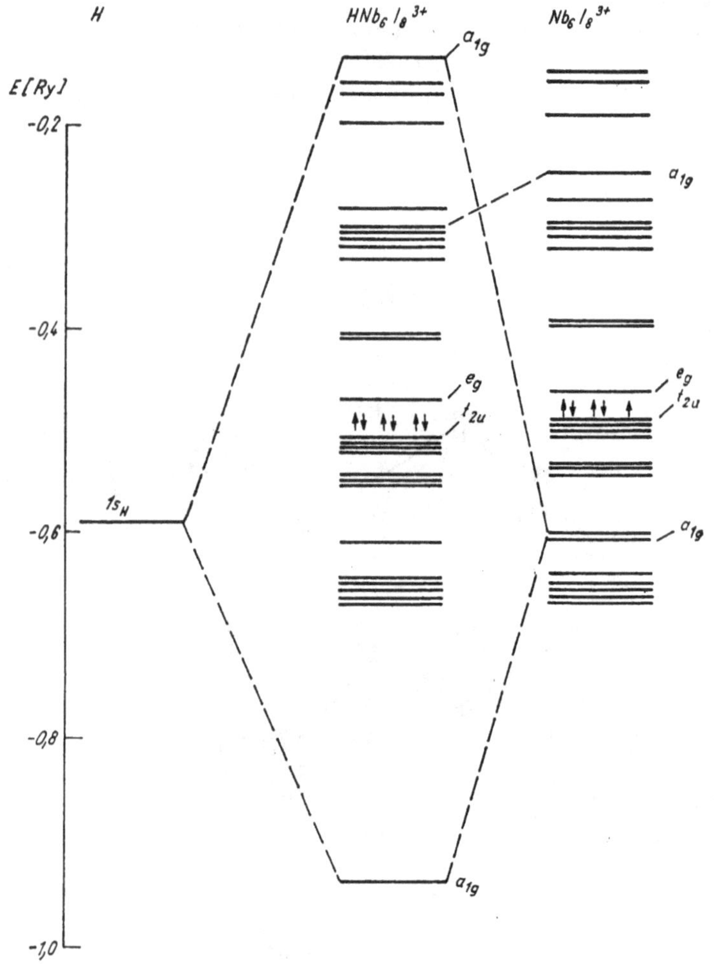

Abb. 14 SW-X_α-MO-Energien der Hydrido-Interstitial-Clusterverbindung $HNb_6I_8^{3+}$ in der Darstellung eines Korrelationsdiagrammes für die Einbaureaktion des H-Atoms in die wasserstofffreie Verbindung $Nb_6I_8^{3+}$. Als HOMO fungiert das markierte t_{2u}-Orbital, dessen Elektronenbesetzung den mit dem Einbau des H-Atoms verknüpften Übergang vom Para- zum Diamagnetismus richtig beschreibt [28]

stoffs verbunden (man vergleiche die starke Wechselwirkung des 1s-H-Orbitals mit dem tiefliegenden a_{1g}-MO von $Nb_6I_8^{3+}$) und einer leichten Positivierung des H-Atoms ($q_H = 0{,}8e$). Da aber in der Hydrido-Verbindung ein zusätzliches Elektron im HOMO (t_{2u}) untergebracht werden muß, hat der H-Einbau ferner auch eine Beeinflussung der Bindungsverhältnisse in dem Metallcluster zur Folge.

Um die Analogie zum Festkörper-bulk auszubauen, interessieren wir uns für den Eindringmechanismus des H-Atoms in das Innere des Nb_6-Oktaeders, d.h. für die Realisierung der Reaktion

$$Nb_6I_{11} \xrightarrow{H_2} HNb_6I_{11}.$$

Da hierbei wenig symmetrische Konfigurationen durchlaufen werden, benötigt man zur Verfolgung des H-Atoms auf verschiedenen möglichen „Eindringwegen" eine andere traktable quantenchemische Methode; hier bietet sich eine Kombination der SW-X_α-Methode mit semiempirischen LCAO-MO-Verfahren an. Abb. 15 zeigt vorläufige EHT-Ergebnisse [28]. Hier wurde das Eindringen des H-Atoms auf den beiden Wegen X bzw. R untersucht, die über die Oktaederkanten-Mitte (OKM) bzw. den Oktaederflächen-Schwerpunkt (OFS) in das Zentrum des Oktaeders führen. Die zugehörige Gesamtenergie E_{ges} ist für beide Wege in Abb. 15 dargestellt. Bis auf eine Negativierung des H-Atoms am Oktaederplatz ($q_H = 1{,}48e$; hier sind weitere Untersuchungen im Gange), erhält man mittels EHT zunächst die gleichen Ergebnisse wie bei SW-X_α: den charakteristischen Wechsel im magnetischen Verhalten beim H-Einbau und eine starke kovalente Bindung (Bindungsenergie des H-Atoms ΔE_H (Okt) $= -2{,}67$ eV); darüber hinaus liefert aber das semiempirische Näherungsverfahren zusätzliche Informationen über den Eindringmechanismus, nämlich

- Auskunft über die Aktivierungsenergien E_A auf beiden Wegen ($E_A^X = 0{,}5$eV, $E_A^R = 0{,}1$eV), die erwartungsgemäß klein ausfallen.
- Auskunft über die Größe der Umladung des H-Atoms während des Eindringens ($\Delta q \gtrsim 0{,}5e$).
- Auskunft über die Bindungsenergie des H-Atoms an einem „Tetraederplatz", der auf dem Weg R liegt ($\Delta E_H(\text{Tetr}) = -1{,}4\text{eV} > \Delta E_H(\text{Okt})$).

Außer unseren vorläufigen Untersuchungen am HNb_6I_{11} gibt es z. Z. keine quantenchemischen Berechnungen an H-Interstitial-Clusterverbindungen, obwohl die Clusterverbindung-bulk-Analogie – wie angedeutet – interessante Beiträge zum Magnetismus, zur Diffusion, zur Gitterstruktur usw. in den Systemen „Wasserstoff in Metallen" zu bringen verspricht.

Statt einer Zusammenfassung soll am Schluß aus der Vielzahl interessanter Aspekte der Metallatom-Clusterverbindungen auf einen besonders hingewiesen werden. Ich bin fest davon überzeugt, daß die Bedeutung dieser Verbindungsklasse für den Brückenschlag zwischen Molekül und Festköper, ja bis hin zum Brückenschlag zwischen Chemiker und Physiker kaum überschätzt werden kann. Die Früchte der Berührung bzw. Durchdringung dieser beiden Bereiche der Naturwissenschaften sind jedenfalls bei weitem noch nicht geerntet. Hier liegen in den nächsten Jahren noch große Möglichkeiten.

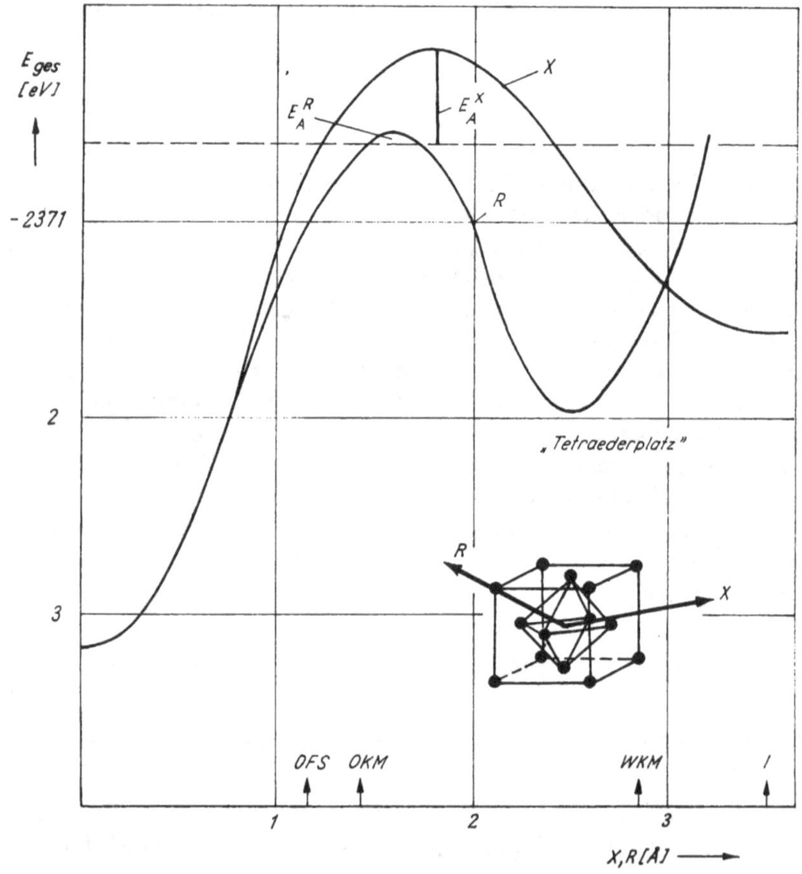

Abb. 15 Zum Eindringmechanismus eines Interstitial-Wasserstoffatoms in die Nb_6I_{11}-Clusterverbindung [28]. EHT-Gesamtenergien auf den beiden Eindringwegen X bzw. R, die über die Oktaederkanten-Mitte (OKM) bzw. über den Oktaederflächen-Schwerpunkt (OFS) verlaufen. Die Aktivierungsenergien E_A auf den beiden Wegen sind erwartungsgemäß klein ($E_A^X = 0{,}5$ eV, $E_A^R = 0{,}1$ eV), die Umladung des H-Atoms ist beim Eindringen erheblich ($\Delta q \gtrsim 0{,}5$ e); am Oktaederplatz (Zentrum) liegt eine starke kovalente Bindung vor (ΔE_H (Okt) $= -2{,}67$ eV), im Gegensatz zu einer wesentlich geringeren Bindung an einem „Tetraederplatz", der auf dem Weg R liegt (ΔE_H(Tetr) $= -1{,}4$ eV)

Literatur

[1] Uhlig, E.: Sitzungsberichte der AdW der DDR, vorliegendes Heft S. 5.
[2] Lauher, J. W.: J. Am. Chem. Soc. **100**, 5309 (1978).
[3] Bilek, O., and P. Kadura: phys. stat. sol. (b) **85**, 225 (1978); Kadura, P., and L. Künne: phys. stat. sol. (b) **88**, 537 (1978); Künne, L., Skala, L., and O. Bilek: Czech. J. Phys. B **29** 1030 (1979).
[4] Messmer, R. P.: Phys. Rev. B **15**, 1811 (1977).
[5] Müller, H.: Nova Acta Leopoldina (im Druck).
[6] Cotton, F. A.: Inorg. Chem. **4**, 334 (1965).
[7] Müller, H.: Habilitationsschrift, Friedrich-Schiller-Universität, Jena, Math.-Nat.-Techn. Fakultät 1968; Müller, H.: Z. phys. Chem. (Leipzig) **248**, 152 (1971).
[8] Mortola, A. P., Moskovitz, J. W., and N. Rösch: Int. J. Quantum Chem. S No 8, 161 (1974).
[9] Bursten, B. E., Cotton, F. A., and G. G. Stanley: Israel J. Chem. **19**, 132 (1980).
[10] Garner, C. D., Hillier, J. H., Guest, M. F., Green, J. C. and A. W. Coleman: Chem. Phys. Lett. **41**, 91 (1976).
[11] Guest, M. F., Hillier, J. H., and C. D. Garner: Chem. Phys. Lett. **48**, 587 (1977).
[12] Benard, M., and A. Veillard: Nouv. J. Chim. **1**, 97 (1977).
[13] Cotton, C. A., and G. G. Stanley: Inorg. Chem. **16**, 2668 (1977).
[14] Benard, M.: J. Am. Chem. Soc. **100**, 2354 (1978).
[15] Benard, M., Coppens, P., DeLucia, M. L., and E. D. Stevens: Inorg. Chem. **19**, 1924 (1980).
[16] Fischer, O., Decroux, M., Roth, S., Chevrel, R., and M. Sergent: J. Phys. C 8 L 474 (1975).
[17] Cotton, F. A., and T. E. Haas: Inorg. Chem. **3**, 10 (1964).
[18] Müller, H.: J. Chem. Phys. **49**, 475 (1968).
[19] Libby, W. F.: J. Chem. Phys. **46**, 399 (1967).
[20] Müller, H.: Z. phys. Chem. (Leipzig) **249**, 1 (1972).
[21] Guggenberger, L. J., and A. W. Sleight: Inorg. Chem. **8**, 2041 (1969).
[22] Korolkov, D. V., and V. N. Pak: Zh. Strukt. Khim. **12**, 310, 676, 501 (1971).
[23] Müller, H., and Ch. Opitz: unveröffentlichte Ergebnisse.
[24] Cotton, C. A., and G. G. Stanley: Chem. Phys. Lett. **58**, 450 (1978).
[25] Seifert, G.: Dissertation, Technische Universität Dresden, Sektion Chemie 1979.
[26] Seifert, G., Grossmann, G., and H. Müller: J. Mol. Struct. **64**, 93 (1980).
[27] Seifert, G., Finster, J., and H. Müller: Chem. Phys. Lett. **75**, 373 (1980).
[28] Dübler, F., Müller, H., and Ch. Opitz: Chem. Phys. Lett. **88**, 467 (1982).
[29] Scheer, M. D., Klein, R., and J. D. McKinley: Surf. Sci. **30**, 251 (1972).
[30] Müller, H., und Ch. Opitz: Z. phys. Chem. (Leipzig) **257**, 482 (1976); Wiss. Z. FSU Jena, Math.-Nat. R. **29**, 665 (1980).
[31] Fricke, D., und H. Müller: Wiss. Z. FSU Jena, Math.-Nat. R. **30**, (1981) 429
[32] Simon, A.: Z. anorg. allg. Chem. **355**, 311 (1967).
[33] Simon, A., v. Schnering, H. G., und H. Schäfer: Z. anorg. allg. Chem. **355**, 295 (1967).